U0960660

广东省韩江高陂水利枢纽工程
PPP建管模式试点应用研究

梅州市大埔韩江高陂水利枢纽工程建设管理处　组织编写

刘震涛　李良成　刘小勇　编　　著

华南理工大学出版社
SOUTH CHINA UNIVERSITY OF TECHNOLOGY PRESS
·广州·

图书在版编目（CIP）数据

广东省韩江高陂水利枢纽工程 PPP 建管模式试点应用研究/梅州市大埔韩江高陂水利枢纽工程建设管理处组织编写；刘震涛，李良成，刘小勇编著．—广州：华南理工大学出版社，2023.12
ISBN 978-7-5623-7444-2

Ⅰ.①广… Ⅱ.①梅… ②刘… ③李… ④刘… Ⅲ.①政府投资-合作-社会资本-应用-水利枢纽-水利工程-工程施工-大埔县 Ⅳ.①TV632.654

中国国家版本馆 CIP 数据核字（2023）第 201515 号

广东省韩江高陂水利枢纽工程 PPP 建管模式试点应用研究
梅州市大埔韩江高陂水利枢纽工程建设管理处　组织编写
刘震涛　李良成　刘小勇　编著

出 版 人：柯　宁
出版发行：华南理工大学出版社
（广州五山华南理工大学 17 号楼，邮编 510640）
http://hg.cb.scut.edu.cn　E-mail：scutc13@scut.edu.cn
营销部电话：020-87113487　87111048（传真）
策划编辑：吴翠微
责任编辑：欧建岸
责任校对：龙祈君
印 刷 者：广州小明数码印刷有限公司
开　　本：787mm×1092mm　1/16　**总印张：**13.25　**彩插：**4　**字数：**267 千
版　　次：2023 年 12 月第 1 版　2023 年 12 月第 1 次印刷
定　　价：45.00 元

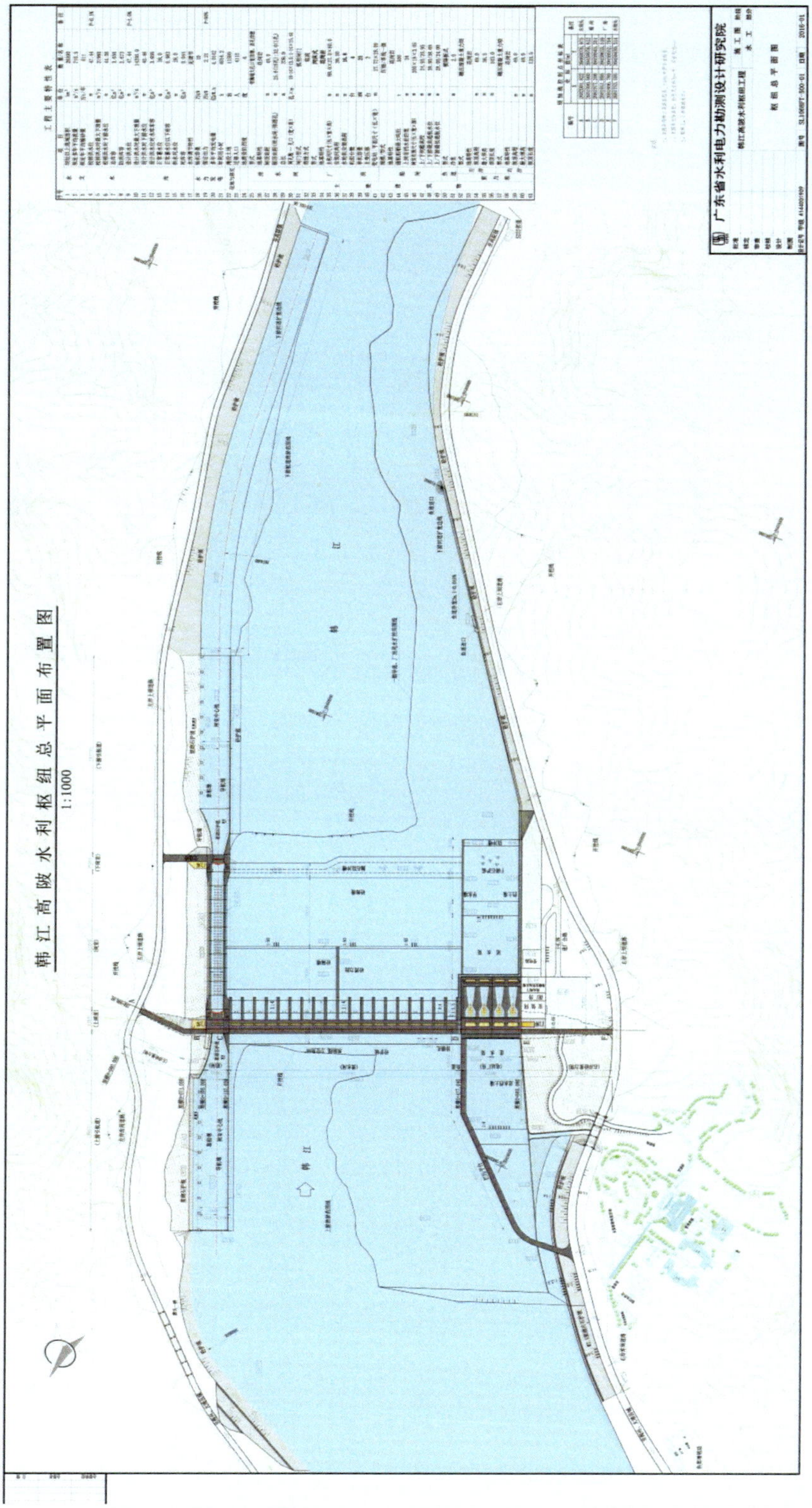
韩江高陂水利枢纽总平面布置图
1:1000
工程主要特性表
广东省水利电力勘测设计研究院
韩江高陂水利枢纽工程
枢纽总平面图
韩江

● 2015 年 10 月 13 日，开工仪式

● 2016 年 9 月 16 日，主体工程正式施工

● 2016 年 12 月 9 日，一期一段围堰顺利合龙

● 2017 年 3 月 31 日，主体工程首仓混凝土顺利浇筑

● 2017 年 10 月 10 日，一期二段围堰合龙

● 2018 年 10 月 25 日，二期一段围堰顺利截流

● 2018 年 10 月 31 日，船闸实船通航试验成功

● 2019 年 1 月 13 日，二期厂房首仓混凝土顺利浇筑

● 2019年11月25日，二期二段首仓砼顺利浇筑

● 2020年4月20日，厂房进水、尾水检修闸门全部下闸

● 2020 年 12 月 18 日，坝顶左右岸实现贯通

● 2021 年 1 月 13 日，正式下闸蓄水

● 2022 年 8 月 18 日，最后一台发电机组通过启动验收，主体工程全面竣工，开始转入运营期

● 高峡出平湖，韩江现明珠

前 言

韩江，广东省仅次于珠江的第二大江，被称为粤东母亲河。夏季降雨多且集中，洪水峰高而量大，引发的洪涝灾害一直是韩江两岸人民的心腹之患，并严重制约了地区经济社会发展。在韩江干流新建大型水利枢纽解决韩江流域防洪、供水问题，是群众翘首期盼了半个多世纪的梦想。早在1959年，《韩江流域规划报告》中便提出在韩江干流中游兴建水库，以解决下游防洪问题。进入新千年后，建设韩江高陂水利枢纽工程加速提上日程。2001年，水利部批复同意《韩江下游及三角洲河段综合整治开发规划纲要》。2013年11月，国家发改委批复广东省韩江高陂水利枢纽工程项目建议书。2015年5月，国家发改委办公厅、财政部办公厅、水利部办公厅颁布《关于开展社会资本参与重大水利工程建设运营第一批试点工作的通知》（发改办农经〔2015〕1274号），广东韩江高陂水利枢纽等12个试点项目被确定为国家层面联系的社会资本参与重大水利工程建设运营的第一批试点项目，明确采用PPP模式建设韩江高陂水利枢纽工程项目。2015年7月，国家发改委批复同意广东省韩江高陂水利枢纽工程可行性研究报告，同年10月，水利部审查通过工程初步设计报告。广东韩江高陂水利枢纽同时也是国务院确定的“十二五”“十三五”期间全国172项节水供水重大水利工程、2015年开工建设的27项重大水利项目之一，粤东地区单项投资最大、获得中央投资最多的水利工程等。韩江高陂水利枢纽承载着苏区梅州发展的梦想和希望，担负着造福韩江沿岸人民的历史责任。

韩江高陂水利枢纽工程是国家规划建设的韩江干流防洪控制性工程和水资源配置骨干工程，是一个以防洪、供水为主，兼顾发电、航运及生态效益等综合性利用的大型水利枢纽工程，总投资591 866万元。投资来源为中央资金、省级资金及社会资金三部分，其中中央预算内投资补贴301 450万元，省级政府投资94 816万元，社会投融资195 600万元（其中社会资本金100 500万元，银行融资借款95 100万元）。韩江高陂水利枢纽工程建设于2015年11月28日正式拉开序幕，2016年9月16日主体工程正式开工建设，2021年1月13日正式下闸蓄水，2022年8月18日韩江高陂水利枢纽工程最后一台发电机组通过启动验收，标志着该项浸透了几代人心血的水利枢纽主体工程全面竣工并开始转入运营。韩江高陂水利枢纽工程的防洪、供水、发电、通航、生态等重大效益正逐步显现。通过上下游堤库结合，该工程可将韩江下游及三角洲地区的城市防洪标准由50年一遇提高至百年一遇，主要堤围由30年一遇提高至50年一遇，保护范围惠及梅州、揭阳、潮州、汕头约850平方千米、约625万人。同时，通过枢纽的调蓄作用，可提高韩江下游地区的供水保供率，缓解水资源供需矛盾，惠及人口约750万人，并改善韩江干流的航运条件和河道生态环境。梅州市大埔韩江高陂水利枢纽建设管理处获得了水利部授予的“安全生产标准化一级达标单位”称号，是广东省2021年唯一一家通过评审的水利工程项目法人单位。该工程也是践行“绿水青山就是金山银山”理念的生动实践。

以往有关研究PPP项目的专著和学术论文不乏PPP案例研究，为开展PPP项目的建设和运营管理提供了有益的参考。然而，这些PPP案例研究大多是简要的介绍和分析，尚未有以专著的形式对一项重大水利工程PPP的建设和管理进行深入系统的研究，这不利于实践工作者深度了解和把握具有实操性的PPP项目。按照发改办农经〔2015〕1274号文件的要求，通过开展试点项目，“探索形成可复制、可推广的经验，推动完善相关政策”，而韩江高陂水利枢纽主体工程已全面竣工并转入运营，通过对本PPP项目进行系统总结和研究，可为我国水利行业PPP项目的建设和运营提供可复制、可推广的具有可操作性的经验，发挥其示范引领作用。本研究具有较强的理论意义和很强的现实价值。

本书以广东韩江高陂水利枢纽工程PPP项目为研究对象，运用案例研究法，综合运用经济学、财政学、公共管理学的相关理论，并结合2014年以来国家层面及广东省出台的一系列PPP政策，主要对本PPP项目的建设和运营进行了系统分析。

全书共11章，其中第1-2章为理论分析，第3-9章是对广东韩江高陂水利枢纽工程PPP项目的建设和运营的分析，第10章对第一批国家层面联系的社会资本参与重大水利工程建设运营试点项目的关键要素进行了比较分析，第11章总结了韩江高陂水利枢纽工程PPP项目的经验，并对水利工程PPP项目存在的问题进行了总结，对水利工程PPP未来的运营提出了建议。具体内容如下：

第一章PPP理论。本章首先系统梳理了不同国家、全球多边机构、政府部门对PPP的定义，我国PPP模式既有各国的共性，又有其自身特色。然后结合公共产品理论和经典经济学理论，明确了公共产品及其分类，分析了准公共产品供给，通过政府和社会资本建立利益共享、风险共担的合作伙伴关系，是推动基础设施及公用事业领域市场化改革的重要工具，并分析了准公共产品的三种供给方式。接着分析了PPP结构及PPP模式的五大分类：管理合同、交钥匙工程、承租/租赁、特许权、资产私有化。最后回顾了我国应用PPP经历的5个发展阶段：探索阶段、试点阶段、推广阶段、反复阶段和普及阶段。

第二章水利工程PPP项目总体应用。系统梳理了水利工程在公共产品供给中的特点，包括准公益性水利资产的特点、水利工程的主要特点。介绍了水利工程项目的分类：公益性水利项目、准公益性水利项目、经营性水利项目，其中，准公益性水利工程具有兴利除害功能。分析了水利工程采用PPP模式的必要性：有利于政府职能转变，有利于缓解政府财政压力和化解政府债务风险，有利于提高工程建管运维效率；分析了水利工程采用PPP模式的可行性：因其符合国家政策条件，水利基础设施具有准公益性公共产品特征，水利投资管理涉及多元主体，适合运用PPP模式。阐述了PPP融资模式在我国水利行业经历的3个发展阶段：引入阶段、逐渐发展阶段和规范化大力发展阶段。介绍了2014年以来水利工程PPP发展的成效。汇总了2014年以来我国国家层面水利行业PPP应用的相关法规政策，这些法规政策为PPP项目管理提供了方向指引和操作规程，为PPP项目的顺利开展提供了重要的政策依据。阐释了水利工程PPP应用的主要模式和回报机制。水利PPP项目实施程序主要包括项目储备、项目论证、社会资本方选择、项目执行等。水利工程PPP的核心机制主要包括PPP交易结构的确定、风险管理、采购方式选择、监管和绩效考核、退出和移交机制等。

第三章韩江高陂水利枢纽工程PPP项目准备。描述了韩江高陂水利枢纽项目的实施背景以及工程概况，包括工程开发任务、工程规模、水库调度运营方式及主要建筑物。论证了项目建设的必要性及政策、技术、经济方面的可行性。介绍了项目发起与论证的过程：严格按照规程实施项目招投标，项目实施阶段包括项目建设和项目运营两个部分，特许经营期满后项目移交给政府。分析了韩江高陂水利枢纽采取PPP模式的必要性，包括有利于转变政府职能，推动相关领域改革，平滑财政支出，防范政府债务风险，保障项目运营管理和公共服务质量，实现合作双方互利共赢；同时分析了其可行性，本项目符合国家有关PPP政策的要求，是国家重点推进的PPP重点项目领域，再加上广东省规范PPP运作，政府大力支持本项目实施，项目对社会资本有较强的吸引力。论述了本PPP项目的交易结构：按照国家及省级相关政策及操作指南成立了项目法人、项目公司；韩江高陂水利枢纽工程PPP融资运营模式拟定了BT、BOT、BOO三种方案，通过比选，采用特许经营期间不进行财政补贴的BOT模式。

第四章韩江高陂水利枢纽工程PPP项目的收入、成本及税费。介绍了项目公司的收入回报机制：经营性收入和政府补贴收入。分析了项目建设期成本：项目建设成本结构，包括工程建设成本、资金筹措费和铺底流动资金、工程建设成本以及工程静态总投资；运营期成本，包括年运行费、折旧费、摊销费、财务费用等；临时淹没补偿基金以及移民生产安置长补基金。分析了项目建设及运营期间涉及的税费，主要包括企业所得税、增值税、城建及教育费附加等。结合项目周期长的特点，对项目在特许经营期内的可用性服务费及运营成本调整机制进行了说明，分析了本项目特许经营期内运营成本调价机制的基本准则、各业务板块补贴时应遵循的原则、项目成本调整的影响因素，并结合广东省上网电价和梅州市上网电价加以论证分析。

第五章韩江高陂水利枢纽工程PPP项目物有所值评价。简述了物有所值的定义及物有所值评价。介绍了我国物有所值评价的依据与流程：根据《PPP物有所值评价指引》（财金〔2015〕167号），现阶段以定性评价为主，鼓励开展定量评价。介绍了PPP值计算及PSC值计算的方法；同时结合PPP值计算及PSC值计算的方法，针对韩江高陂水利枢纽工程PPP项目进行物有所值定量评价，结果显示，本项目物有所值量值和指数均为正，通过物有所值论证，该项目适宜采用PPP模式。根据《PPP物有所值评价指引》（财金〔2015〕167号）的规定，组织专家组进行评价，该项目通过了物有所值定性分析。

第六章韩江高陂水利枢纽工程PPP项目财政承受能力论证。概述了财政承受能力论证，包括财政承受能力论证内涵、主要依据文件以及论证流程。简述了PPP项目全生命周期不同阶段的支出责任，包括股权投资、运营补贴、风险承担和配套投入责任。针对韩江高陂水利枢纽工程PPP项目，测算本项目全生命周期的主要财政支出，包括股权投资、政府可行性缺口补贴、风险承担、配套投入等支出。通过预测广东省2015—2034年的一般公共预算支出，结合广东省政府目前每年承担的现有PPP项目支出责任，测算出本项目整个生命周期内政府承担的PPP项目支出责任占地方公共财政支出的占比，通过了财政承受能力论证。

第七章韩江高陂水利枢纽工程PPP项目采购。结合财政部《政府和社会资本合作项目政府采购管理办法》（财库〔2014〕215号）等相关文件规定，介绍了项目的采购流程，包括采购前的准备、采购方式的选择、采购程序、采购过程中的争议处理和监督检查。概述了韩江高陂水利枢纽工程PPP项目的招投标，包括招标的基本条件、招标文件的构成、评标办法以及标准，含技术评审、信用等级和商务评审。概述了PPP项目投标，包括项目投标主要财务指标计算、投标文件的编制。根据财政部《关于规范政府和社会资本合作合同管理工作的通知》（财金〔2014〕156号）等一系列相关文件的规定，概述了本项目的合同体系，并针对本项目，重点分析了本项目的3份核心合同：实施机构与社会资本方签订的《PPP项目合同》、政府出资代表与社会资本方签订的《股东协议》、实施机构与项目公司签订的《PPP特许经营协议》。

第八章韩江高陂水利枢纽工程PPP项目建设与运行管理。概述了本项目的建设管理，包括实施机构、运作方式、政府在建设管理中的作用、项目公司在建设管理中的职责。分析了本项目的运营管理，包括工程运营管理、运营风险分析、政府支持方式以及保障BOT项目公司良性运行的必要配套措施。

第九章韩江高陂水利枢纽工程PPP项目绩效管理和风险管理。针对本项目，阐述了政府监管，包括PPP项目政府监管责任与要求、项目监管与组织保障。绩效管理包括PPP绩效管理流程、项目绩效管理及监督保障。分析识别本项目在建设和运营中潜在的主要风险因素，揭示风险来源，判别风险程度，提出了规避风险的对策。

第十章重大水利工程PPP试点项目关键要素比较分析。针对第一批国家层面联系的社会资本参与重大水利工程建设运营的9家试点项目的6个关键要素进行比较分析，包括项目总投资、建设期限和运营期限等比较，物有所值评价比较，投融资模式比较，付费模式比较，建设管理模式比较。

第十一章重大水利工程PPP试点项目经验及运营管理建议。分析了韩江高陂水利枢纽工程PPP试点模式运作的特点和经验、存在的主要问题，并提出了优化韩江高陂水利枢纽工程PPP试点项目运营管理的建议。

本书将PPP相关理论、国家颁布的一系列有关PPP政策有机融入韩江高陂水利枢纽工程PPP项目的项目识别、准备、采购、执行等各环节操作流程的分析中，通过全景式系统而深入地分析本PPP项目的规范性建设管理，将为社会资本参与公共基础设施的建设运营尤其是重大水利工程的建设运营提供可复制、可推广的经验和有益参考，同时对推动完善我国相关PPP政策具有较高的参考价值。

本书编写基础材料主要依托于《广东省韩江高陂水利枢纽工程项目建议书》、《广东省韩江高陂水利枢纽工程可行性研究报告》、《广东省韩江高陂水利枢纽工程引进社会资本参与建设运营实施方案》（江河水利水电咨询中心、广东省水利电力勘测设计研究院编制）、《韩江（高陂）水利枢纽工程PPP项目实施方案》（北京大岳咨询有限责任公司编制）、《韩江（高陂）水利枢纽工程PPP财政可承受能力论证和物有所值报告》（北京大岳咨询有限责任公司编制）、《韩江（高陂）水利枢纽工程PPP采购方案》等文件，其中第三章内容主要来自上述各文件相应部分，第四章内容主要来自《广东省韩江高陂水利枢纽工程引进社会资本参与建设运营实施方案》《韩江（高陂）水利枢纽工程PPP项目实施方案》，第五章和第六章内容主要来自《韩江（高陂）水利枢纽工程PPP财政可承受能力论证和物有所值报告》，第七章内容主要来自《韩江（高陂）水利枢纽工程PPP采购方案》，第八章和第九章内容主要来自上述各文件相关内容及《广东省韩江高陂水利枢纽工程PPP项目特许经营框架协议》及韩江高陂水利枢纽工程建设管理处提供的各项总结性文件、制度汇编等。文中所涉及数据均来自上述各文件。本书编写框架和内容还重点参考了上海交通大学政府和社会资本合作（PPP）研究中心编著的《城市轨道交通PPP项目组织与实施》等文献。在此一并致谢。

参与本书编写的人员包括刘震涛、李良成、刘小勇、曾祥勇、汤绍强、张汉涛、曾浦君、林昕怡、阮楚颖、肖镂钰等。

目 录

第一章　PPP 理论

本章系统梳理 PPP 的概念界定、公共产品及其分类、准公共产品供给及供给方式、PPP 结构及 PPP 的分类，以及我国应用 PPP 的发展历程。

第一节　PPP 概念

什么是 PPP？PPP（或 PPPs）是英文 Public Private Partnership（或 Public Private Partnerships）的简称，剑桥词典将其定义为“政府和营利性公司共同投资和从事活动的安排”。通常译为公私伙伴关系、公共私营合作制、政府和社会资本合作。

广义而言，在完全由公共部门提供公共产品和完全由私营部门提供公共产品两个极端之间的任何一种形式都属于 PPP 的范畴，如 BOT 模式等。由于不同国家经济制度、体制机制、法规政策存在差别，不同国家、不同的全球多边机构、不同政府部门对 PPP 的定义、范围及使用往往适用于特定目的，这也就导致 PPP 定义的差异。因此，PPP 概念在特定国家或国际组织均有其特定的含义，不存在一个“超国家”的 PPP 定义，也没有一个国际上普遍接受的 PPP 定义。

我国将 PPP 统称为“政府和社会资本合作”，其中 Public 主要指政府，指公共投资方式，以公益为目标；Private 在西方市场理论中是代表私营部门资本方，而我国实行社会主义市场经济，该情景中 Private 的含义包含国有企业、民营企业、外商投资企业和混合所有制在内的广义的社会资本方，二者均指社会投资方式，以盈利为目标。中国的 PPP 模式独具特色：一是推广过程，除了解决投融资问题，还是推进国家治理体系和治理能力现代化的体制改革的一种方式；二是实施过程，世界银行认为，政府或者政府的国有企业占股超过 25% 的不是 PPP，而中国政府或者中国国有企业占股不超过 50%，但是超过 25%；三是中国 PPP 主体都是工程企业，金融投资者非常少。

PPP 模式的选择，必须符合一个国家的发展阶段、制度环境及具体需求等实际。PPP“在不同国家有着不同含义，即使在同一个国家，其含义也因具体情形和背景的不同而各异”。在有关国际组织和国家的政策文件中，可以看出不同组织和管理机构从各自角度对 PPP 模式的定义（见表 1－1）。

表1－1　PPP的定义及特点

名称	PPP定义	特点
国际组织		
联合国开发计划署（UNDP）	PPP是指政府、营利性企业和非营利性企业基于某个项目而形成的相互合作关系，通过这种合作形式，合作各方可以达到比预期单独行动更有利的结果。合作各方参与某个项目时，政府不是把项目的责任全部转移给私营部门，而是由参与合作的各方共同承担责任和融资风险	强调PPP项目需要构建合作关系、追求更好绩效、责任和风险的合理分担，没有强调由谁承担工程实施的具体任务
国际货币基金组织（IMF）	PPP是指公私伙伴关系将传统上由政府提供的基础设施和运营服务交由私营部门提供。除了私营企业在公共投资中履行职责和融资外，PPP还具有另外两个重要特性：私营部门提供运营服务和私人投资。这样，大部分风险从政府转移到私营部门	主要从与政府打交道的视角来定义。通过将PPP与传统采购进行对比强调PPP概念的创新性，未强调公私伙伴关系中固有的公共和私营部门之间的伙伴关系
经济合作与发展组织	PPP是指政府与一个或多个私人合作伙伴（可能包括运营商和融资方）之间的协议，根据该协议，私人合作伙伴提供服务的方式应使政府的服务提供目标与私人合作伙伴的利润目标保持一致，并且这种一致的有效性取决于向私人合作伙伴充分转移风险	私营部门和公共部门的目标和利益不同，强调需要使各利益相关者目标保持一致。各方的利益的满足取决于找到适当的风险分担均衡点
世界银行	PPP可以定义为“政府和私营部门为公共基础设施或运营服务的开发或管理而签订的长期合同，其中私营部门在合同期间承担大部分的风险和管理责任，报酬与业绩显著挂钩，报酬与基础设施或服务的需求或使用挂钩”	强调PPP是私营部门和政府部门之间在公共产品或服务供给方面达成的长期合同，私营部门承担重要的风险和管理的责任并且其报酬与业绩相关。世界银行建议PPP项目的合同期限应该足够长，以便能够有效激励私营部门在包括项目设计、运营在内的整个项目生命周期整合各类成本要素，实现初始投资成本与未来维护和运行成本的统筹权衡优化。从项目“全生命周期”考虑项目成本和收益，实现服务提供效率的优化，是使用PPP模式提供公共服务的核心理念

续上表

名称	PPP 定义	特点
亚洲开发银行	PPP 描述了公共部门和私营部门在基础设施和其他服务方面的一系列可能的关系。PPP 提供了一个框架，在私营部门参与合作的同时，政府要切实发挥履行社会义务、成功实现部门改革和保障公共投资方面的作用。强有力的 PPP 能够以最优方式在公共和私人伙伴之间分配任务、义务和风险。PPP 中的公共合作伙伴是政府实体，包括部委、部门、市政当局或国有企业。私人合作伙伴可以是本土或国际的，也可以包括具有与项目相关的技术或金融专业知识的企业或投资者。PPP 还越来越多地包括非政府组织（NGO）或社区组织（CBO），这些组织代表着直接受项目影响的利益相关者。有效的公私伙伴关系表明，公共部门和私营部门在执行特定任务方面各自具有一定的优势。政府对 PPP 的贡献可以采取投资（通过获得税收收入）、资产转移或支持伙伴关系的其他承诺或实物捐助形式。政府还应具备提供社会责任、提升环境意识、本地知识和动员政治支持的能力。私营部门在伙伴关系中的作用是以其在商业、管理、运营和创新方面的专长，有效地经营企业。私人合伙人也可以根据合同的形式出资	定义概括得最全面，总结了先前定义的所有特征，表明了利用公私伙伴关系来制定政府政策和促进政府部门改革。这与亚行作为发展机构的作用是一致的
国家政府部门		
英国财政部	PPPs 是以公共和私营部门合作为特征的安排。广义而言，公私伙伴关系可以涵盖公共和私营部门之间为提供政策、服务和基础设施而进行的所有类型的合作，而公共服务的提供涉及私营部门对基础设施的投资	广泛定义几乎涵盖了私营和公共部门之间合作的所有交易

续上表

名称	PPP 定义	特点
欧盟委员会	PPP 是指公共部门和私营部门之间为提供传统上应由公共部门提供的公共项目或服务而建立的合作关系。公私双方均存在优势，通过发挥公私双方各自优势，最有效地提供公共服务和基础设施	强调 PPP 公私双方要建立合作关系，发挥各自优势，共担风险和责任
加拿大国家 PPP 中心	PPP 是一种长期的以绩效为基础的采购公共基础设施的方式，其中私营部门承担融资与建设方面的主要风险，并确保特定基础设施从设计、规划到长期维护方面的有效执行。PPP 可以通过约束私营机构在公共资产预期生命周期内所承担的责任，使得政府的能力得以提升。PPP 能够发挥作用的原因在于，PPP 利用私营部门的专业经验和创新能力以及资本市场的市场规则和激励机制来提供公共基础设施项目	强调 PPP 模式是公共部门和私营部门之间的一种合作经营关系，它建立在双方各自经验的基础上，通过合理的资源分配、风险分配和利益共享机制，更好地满足事先清晰界定的公共需求。合理分配资源、风险和回报至关重要，因为 PPP 的成功取决于如何在伙伴关系中分配这些变量，以便各方仅承担一定程度的风险并获得相应的回报
美国国家公私合作委员会	PPP 是指公共机构（联邦、州或地方）与私营部门实体之间的一种合同协议。通过该协议，明确各部门（公共和私人）的技能和资产在提供某项服务或设施时供普通公众共享使用。除了共享资源外，各方还分担提供服务或设施的风险和分享潜在的回报	突出了公私伙伴关系的法律和合同性质。事实上，公共部门和私营部门之间的关系或多或少是契约性的，并体现在详细的合同文件中
澳大利亚议会	公共部门与私营部门之间的伙伴关系，目的是设计、规划、融资、建设或经营传统上被认为属于公共部门职权范围的项目。如道路和桥梁等基础设施项目	不仅强调了 PPP 是基于合作伙伴关系的，而且还分解了典型 PPP 项目由设计、融资、建设到运营的不同部分构成。将各项目捆绑为一个项目，由私营部门提供生产或服务，提高了 PPP 的吸引力，并确保在项目中实现物有所值

续上表

名称	PPP 定义	特点
中国财政部	政府和社会资本合作模式是在基础设施及公共服务领域建立的一种长期合作关系。通常模式是由社会资本承担设计、建设、运营、维护基础设施的大部分工作，并通过“使用者付费”及必要的“政府付费”获得合理投资回报；政府部门负责基础设施及公共服务价格和质量监管，以保证公共利益最大化	财政部统筹负责公共服务领域 PPP，立足于化解地方政府债务。称政府付费项目和使用者付费项目为 PPP 项目。并没有非常严格限定国内推广的 PPP 具体形式中政府和社会资本方的职责。明确规定，“按照‘风险由最适宜的一方来承担’的原则，合理分配项目风险，项目设计、建设、财务、运营维护等商业风险原则上由社会资本承担，政策、法律和最低需求风险等由政府承担”
中国国家发改委	政府和社会资本合作（PPP）模式是指政府为增强公共产品和服务供给能力，提高供给效率，通过特许经营、购买服务、股权合作等方式与社会资本建立的利益共享、风险分担及长期的合作关系	国家发改委统筹负责基础设施领域 PPP，立足于创新投资融资体制。没有明确限定合作方式，只是根据项目类型不同将 PPP 分为经营性项目、准经营性项目和非经营性项目三类，通过 BOT、BOOT 和 BOO 等模式推进
中国国务院办公厅	政府和社会资本合作模式是公共服务供给机制的重大创新，即政府采取竞争性方式择优选择具有投资、运营管理能力的社会资本，双方按照平等协商原则订立合同，明确责权利关系，由社会资本提供公共服务，政府依据公共服务绩效评价结果向社会资本支付相应对价，保证社会资本获得合理收益。政府和社会资本合作模式有利于充分发挥市场机制作用，提升公共服务的供给质量和效率，实现公共利益最大化	明确政府和社会资本平等协商、合理收益；法律地位平等、契约理念；风险共担、合理回报。各方在 PPP 核心价值观方面已经基本达成共识，即“政企合作、风险共担、合理回报”

综上，PPP 定义不尽相同，PPP 在不同的国际机构和不同的国家以不同的方式不断变化和完善，未来肯定会有更多的定义。虽然目前 PPP 定义没有统一，但是从上述定义可以归纳出 PPP 的一些共同特征：

（1）公私合作。PPP是基于公共部门（通常指政府）与私营部门（通常指作为市场主体的营利性法人）之间的长期合作关系，发挥公共部门和私营部门各自优势，开展全生命周期合作，根本目的是提高公共产品或服务的质量和效率。其中公共部门包括政府（采购部门/实施机构）或代理机构，公司和实体代表政府在各自的合同中作为采购部门/实施机构开展工作。私营部门通常指参与项目交付的私营企业公司或联合体。在一些国家如中国，政府独资公司或国有企业（SOE）（包括可能政府拥有的SPV）可视为“社会资本”或“私人实体”，在合同中，“社会资本”或“私人实体”是政府的对应方。

（2）公共领域。公私伙伴关系是关系性的契约形式，契约实现的是公共需求目的，而非单纯的商业利益关系。公共产品或服务（如高速公路、污水处理、垃圾处理、防洪、医疗、养老等）由政府提供，该领域的部分项目采用PPP模式，可能更有利于资源的优化配置、提高供给效率并减轻政府负债。

（3）合同管理。PPP模式使用长期合同去管理双方关系或实行授权，确定了私营部门提供产品和服务的质量和标准，以及私营部门获得报酬的方式。在大多数情况下，它还决定了在合同期结束时如何处置资产，通常可以选择在合同期结束时将基础设施资产移交给政府。

（4）提升效率。在PPP模式中，可以将设计、建设、融资、运营和维护整合到一个合同中，在项目的基础设施资产的全生命周期中实现物有所值，提高公共产品和服务的供给效率。公共部门明确规定其从私营部门获得的某些可核查和可确定的预期产出，而私营部门则或多或少享有广泛的自由裁量权来确定交付产品和服务的最佳方法。

（5）风险分配。PPP项目强调建立公私之间利益共享、风险共担的长期合作伙伴关系。通过长期合作关系，以有效和最佳的方式分担风险和共享回报，确保将风险分配给最有能力管理风险的一方，其中私营部门承担全生命周期重大的管理责任和风险，通常涉及设计、建设、融资和运营等。

（6）投资回报。投资回报与绩效挂钩，私营部门的投资回报基于公共产品或服务的供给质量、效率和实现公共部门设定的绩效目标而定。私营部门可以通过“使用者付费”及必要的“政府付费”或者两者结合获得投资回报。

从上面的讨论中，可以将PPP定义为：公共部门和私营部门（或社会资本方）通过合同来界定各方权利及责任并在此基础上达成长期合作协议，根据这种合作关系，传统上由公共部门承担的公共基础设施和公用事业的设计、融资、建设、管理和运营等责任由公共部门和私营部门通过合同分担和共同承担，并在基础设施全生命周期中将大部分风险和责任合理有效地转移给私营部门（或社会资本方），私营部门（或社会资本方）的投资回报与绩效挂钩。

第二节 公共产品供给与PPP

一、公共产品及其分类

公共产品一般是指在消费上具有非竞争性和非排他性的产品，通常具有很强的正外部性。每个人都可以使用它们，并且使用不会耗尽其可用性，还可以供将来使用。公共产品既可以完全由政府或公共部门向社会提供，也可以由政府和市场共同提供，尤其是具有更强商业属性的准公共产品。对于一个国家内部来说，公共产品怎样提供主要是如何处理好政府与市场的关系。

美国经济学家保罗·萨缪尔森将纯公共产品定义为每个人对该产品的消费不会造成其他人消费的减少。纯公共产品具有两个特征，即消费的非竞争性和非排他性，这一度成为人们界定公共产品的普遍认知依据。其一，非竞争性。从消费角度看，非竞争性指在消费过程中一些人对某一产品或服务的消费不会影响另一些人对这一产品的消费，受益者之间不存在利益冲突。从成本角度看，非竞争性是指在某种产品的数量给定的条件下，增加消费者的边际成本为零。其二，非排他性。从受益者角度看，非排他性是指任何人都不能因为自己的消费而排除他人对该物品的消费。如国防、警务和法律等公共产品都是非排他性的，每个人都受益，这使得不可能向一些人收费，而对其他人不收费。反过来，这又带来了“搭便车问题”。

但是，公共选择学派的代表人物美国经济学家詹姆斯·布坎南等人发现现实生活中的许多物品既不属于纯公共产品，也不属于私人产品，而是介于两者之间，并将其称为“准公共产品”，完善了公共产品理论。

在经济学中，产品可以按许多不同的方式进行分类。按照经典的经济学理论，产品按其经济属性通常可以划分为纯私人产品、纯公共产品和准公共产品，具体分类见表1-2。三者的供给主体分别是私营部门、公共部门或是公共部门与私营部门。各类产品的提供主要有两种模式：一是私营部门提供模式，靠市场机制来提供，市场机制采用分散决策，富有效率；二是公共部门提供模式，靠政府机制来提供，政府机制采用集体决策，是在市场失灵的条件下对市场机制的一种弥补或补救。通常产品的提供首先应该依靠市场机制，若市场机制难以提供或缺乏提供效率，则由政府机制提供。有关三种产品的供给机制和提供方式，私人产品通过市场机制和私营部门来实现；公共产品通过公共部门出资，私营部门生产和经营来实现；准公共产品由于介于纯公共产品和私人产品之间，其供给和提供则应视具体情况而定。

表1-2 三种产品分类

类型	纯公共产品	准公共产品	纯私人产品
供给方	政府	政府和市场共同分担	私人
竞争性	—	—	完全
排他性	—	—	完全
非竞争性	完全	完全/不充分	—
非排他性	完全	完全/不充分	—
效用不可分割性	不能分割为若干部分		可分割
强制性	不能选择，被动接受		可选择

二、准公共产品供给

这里只分析准公共产品。准公共产品的经济属性一般具有以下特征：一是不完全竞争性和不完全排他性。这类经济属性与萨缪尔森论述的非竞争性和非排他性存在量上的差异，这种差异虽然难以精确测量，但还是显而易见的，且包括拥挤型产品和公共资源。二是正外部性。正外部性是指收入的溢出，即在生产或消费行为过程中影响他人的收益，却没有得到相应的报酬。而负外部性就是成本溢出，在上述过程中是没有付出的。正外部性表现为利用公共产品的社会收益大于私人收益，因此会使产品需求下降。外部性的存在会导致市场失灵，外部效应的内化是提高市场效率的有效方法。三是时空相对性。产品的类型由排他性和竞争性决定，这种排他性和竞争性并非一成不变，随着科技进步、财力强弱、产品的外部性和规模经济的变化，私人产品、准公共产品、纯公共产品在一定时空内其产品属性会相互转化。

传统经济学理论认为，由于准公共产品具有纯公共产品的某些属性，包括非竞争性和非排他性、正外部性、自然垄断性，若由市场机制提供准公共产品，将出现市场失灵。应该由政府提供准公共产品，这是因为政府机制比市场机制在提供公共产品方面具有诸多优势，具体包括：一是政府具有权力优势，可通过税收的方式进行融资，克服由于非排他性和非竞争性所导致的“搭便车”问题；二是政府可以通过其强制力强迫对方无条件地履行，还可以采用特许经营的形式确保公共产品的有效供给；三是政府作为国家的政治组织，具有较强的协调和整合能力，由政府提供准公共产品可以节约组织成本和交易成本；四是在公共产品供给严重不足以及民间资本严重短缺的情况下，政府可以凭借其货币政策和财政政策为产品的供给提供支持。

实践证明，政府在提供准公共产品方面虽有优势，但由公共部门提供公共服务时存在诸如公共决策失败、信息不对称、贪污腐败、成本高企、寻租、效率低下等诸多问题，也存在着政府失灵的问题。布坎南指出政府失灵的主要原因包括：缺乏足够竞争压力，垄断了公共产品；降低成本的激励缺失，使公共部门决策者没有动机节约任何成本。政府失灵的本质原因是政府无法做到资源的有效配置而令行政效率达到最高。政府失灵为其他供给主体的介入提供了可能。以科斯为代表的现代产权理论认为，市场机制提供公共产品低效的根本原因在于其产权不够明晰。科斯认为，如果产权是明晰的，并且交易成本为零，则无论将物品的初始产权赋予谁，通过市场交易达成的结果都是具有“帕累托效率”的。因此，产权明晰成为准公共产品由市场机制提供的前提。布坎南解释了如何通过市场机制提供公共产品的问题，为了实现俱乐部产品的有效供给，可以通过收费实现局部排他，这种排他性的收费制度既可以实现俱乐部的最优规模，同时也能实现俱乐部成员的效用最大化。为了提高公共部门供给公共产品的效率，可通过以下两种方式改善：第一，引入市场竞争。历史经验表明，通过市场竞争优化资源配置，可以倒逼企业不断改善技术和经营管理，努力降低生产成本，提高产品质量，满足消费者的需求，进而提高供给效率，实现优胜劣汰。第二，建立激励约束机制。布坎南认为，政府也是经济人，有自身的特殊利益追求，不是追求公共利益最大化的组织，所以它并不总是提供公共产品的最优选择，而应尽可能多地考虑通过资源所有者之间的合作来提供公共产品，有必要建立防范错误和纠正偏差的制度。

100 多年来，世界各国理论界和实践界一直在探讨如何借用市场化的专业力量，发挥私营部门在专业技能、管理经验、专家人才等方面的优势，积极推动公共服务领域的市场化改革，以提高公共服务供给的质量和效率。随着产权理论、委托代理理论、新制度经济学等现代经济学理论体系的不断发展，越来越多的人认识到 PPP 模式通过引入市场机制可以提高基础设施项目运作的效率，缓解政府财政压力，通过激励相容原则进行交易制度的合理设计，可以将 PPP 模式应用到很多行业领域，从而推动基础设施领域投融资体制的市场化改革。PPP 模式强调通过公共部门和私营部门建立利益共享、风险共担的合作伙伴关系，整合各种优势资源，完成基础设施及公用事业领域的项目融资、建设、运营、维护等各个环节的具体任务，发挥各自优势确保公共服务提供的质量和效率，是推动公共服务领域市场化改革的重要工具。在 PPP 模式中，要厘清政府责任与市场机制的边界，完善公共服务的市场定价与调价机制，提高公共服务供给水平，避免通过额外附加条款等变相举债形成政府隐性债务。

三、准公共产品供给方式

准公共产品的供给可以按利益相关者分为三种模式：政府单边供应、企业单边供应和 PPP 模式下的政企合作供应。

（一）政府单边供给

从主体结构来看，政府单边供给的模式意味着它具有独特的供给主体——政府。从过程的角度来看，公共产品的所有供给和生产环节都被政府垄断，政府不仅负责资金投入，还负责生产。政府的生产形式包括两种类型：一种是政府及其雇员生产的公共产品，另一种是政府企业及其雇员生产的公共产品。从政府的具体生产方式来看，主要包括政府服务、政府销售和行政协议。

（二）企业单边供给

政府将准公共产品项目推向市场，企业通过市场竞争获得公共产品供给权，并承担该项目的投资、建设和运营。在协议规定的特许期内，企业向用户收取适当的费用以取回项目的投融资成本，并获得合理的回报。政府有权对基础设施进行监督和监管，当达到目的时，企业应将基础设施免费或有偿移交给政府。

（三）PPP 模式下的政企合作供给

不同于企业单边供给模式，在 PPP 模式中，公共部门和私营部门共同承担融资和责任风险，并强调双方高度合作，双方共同参与决策、设计、施工、融资和运营等各个环节，共同拥有控制权。PPP 作为一种新型的公共服务供给机制，旨在改善公共产品和服务的供给效率。

对于准公共产品，公私部门合作可以选择不同的方式。一是排他性准公共产品。若现有技术具有排他性，则该产品可由政府或由市场提供。若由政府提供，则公众可免费使用，其提供成本可以以税收的方式取得；若由市场或私营部门提供，则其成本通过收费的方式取得。若两者都可以提供，则提供方式取决于两者成本收益的大小。二是竞争性准公共产品。具有竞争性的准公共产品，一般实行公私合作的供给方式。由谁提供则取决于两者净收益的比较。三是正外部性准公共产品。对于具有正外部性的公共产品，政府可以通过向私营部门给予财政补贴来鼓励生产。

在政府单边供给的模式下，政府往往无法获得有效的市场信息；企业单边供给公共产品的模式下，企业往往从政府系统了解或获取的信息不足。而 PPP 模式下，政府和企业合作大大减少了交易者对市场信息和政府信息的不完全获取，并改善了信息的不对称性，从而在一定程度上降低了信息搜寻的成本。信息的不完整性将导致交易者出现有限理性。在 PPP 模式下，交易者不仅在自己的实践中获取知识和积累经验，而且在与对方合作的过程中将大概率的促进交易的合理性。

PPP 模式是一种实现可持续发展目标的工具，其原因在于：一方面，在基础设施投资建设和高效优质公共产品或服务的供给方面，政府财政的压力和专业技术管理水平的限制决定了实现可持续发展目标不可能仅仅依靠政府部门。这些领域的投资建设项目往往具有公共产品或准公共产品的特征，也不宜采用单纯的私有化或充分的市场化模式运作。PPP 模式则可以较好地平衡这两方面的矛盾。通过引入社会资本，充分吸收社会资本专业化的投资、建设、运营等能力，从而实现可持续发展目标。另一方面，促进可持续发展的动力在于源源不断的创新，在基础设施和公用事业项目中，传统模式很难有效激励公共部门进行创新，因为无论是技术上的创新还是管理上的创新，都需要对实施者提供巨大的经济激励。因此，PPP 模式引入社会资本的同时，通过满足激励相容条件制度的设计，可以激发社会资本进行创新，发挥社会资本专业化的投资、建设、运营等的主动创新能力，从而实现可持续发展目标。

第三节　PPP 结构和模式

PPP 模式的起源可以追溯至 18 世纪欧洲的收费公路建设计划。现代意义上的 PPP 的形成和发展则主要归因于新公共管理运动的兴起，即通过引入私营部门积极参与公共服务供给的市场化改革。20 世纪 60 年代至今，世界各国在城市和区域重大基础设施和公共事业项目上陆续尝试实施 PPP 模式。PPP 模式也经历了长期的演变，在不同国家实施时向不同的方向演进。早在 20 世纪 60 年代，法国就将私营部门特许经营的方式运用于水务工程的实施。20 世纪 70 年代，英美国家为解决经济萧条导致的财政资金短缺问题，积极引入私营部门参与公共项目建设及运营，并为规范、推进该模式出台了一系列的政策，极大地促进了 PPP 模式的发展。20 世纪 80 年代中期，中等发达国家出现债务危机，为推动经济发展，1984 年，土耳其提出 BOT（建设 - 运营 - 转让）的概念并运用于建设阿科伊核电厂，其他发展中国家纷纷效仿。1992 年，英国提出的私人融资计划成为公共服务领域引入市场化竞争后进一步推动政府与私营部门合作的重要模式，并于 1997 年在全社会公共基础设施领域推广。自 20 世纪 80 年代起，英国政府逐步将 80% 以上的基础设施和公共服务项目私有化，原来特许经营的项目也基本实行私有化。目前，PPP 模式在世界上一半以上的国家得到推广应用，在经济和社会基础设施建设方面发挥了重要作用。

一、PPP结构

PPP强调公共部门和私营部门之间建立“可持续伙伴关系”的理念，可以通过多种模式来实现。典型PPP结构可能非常复杂，涉及PPP合同的各参与方，包括政府、项目发起人、项目运营商、融资方、供应商、承包商、工程师、第三方（如托管代理）和客户。图1－1是简化的PPP结构。PPP的实际结构取决于伙伴关系的类型。

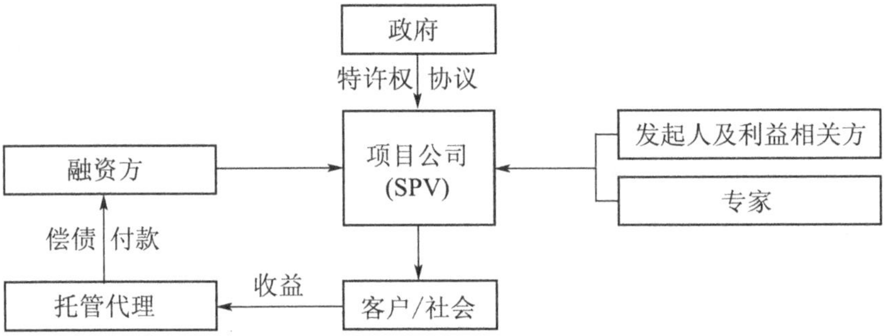

图1－1　PPP项目的典型结构

（1）“专家”代表PPP项目中的各参与方，包括工程师（设计师）、承包商（建筑商）、运营商和保险公司。

（2）“融资方”包括投资于由股权和债务融资方组成的项目各方，可能包括国内银行、外国银行、金融机构和类似的其他机构。

（3）“托管代理”代表由项目公司和贷方指定的金融机构管理托管账户。设立托管账户以持有项目公司应计项目资金（包括项目收入）。账户中的资金由托管代理根据协议条款支付给各方。在满足某些指定条件时，托管账户也用于持有信托存款。

（4）“项目公司”（special purpose project vehicle，SPV）是承担项目的法人实体。大多数PPP项目会成立项目公司（SPV）。各方之间的所有合同协议均由他们自己与SPV协商。SPV是根据一个国家的相关法律通过股东或发起人之间的协议（也称为组织章程大纲）成立的商业公司。股东协议规定了公司成立的基础，包括公司名称、所有权结构、管理控制和公司业务、法定股本及其成员负债范围等详细信息。在有限或无追索权的情况下，项目公司也是PPP项目实施的首选模式，贷款人依靠项目的现金流和资产担保作为偿还债务的唯一手段。项目公司可以是政府和社会资本共同出资设立，也可以是社会资本独资设立。SPV通常是由私人特许发起人设立的，他们提供长期权益资本以换取代表SPV所有权的股份，并负责项目的运营。政府也可投入 SPV 的长期权益资本以换取股份。在此情况下，SPV 是公共部门和私营部门设立的合资公司，政府与其他私营部门股东一样，对 SPV 内的资产享有同等权利和同等收益。

根据我国财政部《PPP 项目合同指南（试行）》的界定，PPP 项目的主要参与方有：

（1）政府。政府在 PPP 项目中的角色是公共事务的管理者和公共产品或服务的购买者（或者购买者的代理人）。

（2）社会资本方。社会资本方指与政府方签署 PPP 项目合同的社会资本或项目公司，包括民营企业、国有企业、外国企业和外商投资企业。

（3）融资方。PPP 项目的融资方通常有商业银行、出口信贷机构、多边金融机构（如世界银行、亚洲开发银行等）以及非银行金融机构（如信托公司）等。具体的债权融资方式除贷款外，也包括债券、资产证券化等。

（4）承包商和分包商。承包商主要负责项目的建设，通常与项目公司签订固定价格、固定工期的工程总承包合同。对于规模较大的项目，承包商可能会与分包商签订分包合同，把部分工作分包给专业分包商。分包商从事的具体工作可能包括设计、部分非主体工程的施工，提供技术服务以及供应工程所需的货物、材料、设备等。

（5）专业运营商。在一些采用政府付费机制的项目中，项目公司不承担需求风险或仅承担有限需求风险的，可能会将大部分的运营业务交由专业运营商负责；而在一些采用使用者付费机制的项目中，由于存在较大需求风险，项目公司可能仅将部分非核心的日常运营管理业务交由专业运营商负责。

（6）原料供应商。在一些 PPP 项目中，原料的及时、充足、稳定供应对于项目的平稳运营至关重要。原料供应商应作为项目的重要参与方之一，项目公司通常会与其签订长期供应协议。

（7）产品或服务购买方。在包含运营内容的 PPP 项目中，为了降低市场风险，项目公司以及融资方通常都会要求确定项目产品或服务的购买方，并由购买方与项目公司签订长期购销合同以保证项目未来的稳定收益。

（8）保险公司。由于 PPP 项目通常资金规模大、生命周期长，在项目建设和运营期间面临着诸多难以预料的各类风险，因此项目公司以及项目的承包商、分包商、供应商、运营商等通常会向保险公司投保，以分散和转移风险。

（9）其他参与方。例如投资、法律、技术、财务、保险代理等方面的专业机构。

二、PPP 主要模式

私营部门通过各种 PPP 模式参与提供公共基础设施和公共服务。这些模式包括从短期简单的管理合同、长期复杂的 BOT 模式到资产剥离等。PPP 模式主要因以下要素的不同而不同：包括资本资产的所有权、投资责任、风险承担以及合同期限等。由于公私合作的形式多种多样，PPP 的分类没有一个完全统一的标准。

通常可按私营部门参与和承担 PPP 项目风险的顺序将 PPP 模式分为以下五大类（表 1 – 3）：管理合同（management contracts）、交钥匙工程（turnkey projects）、承租/租赁（affermage/lease）、特许权（concessions）、资产私有化（private ownership of assets）。

五大类 PPP 模式的基本特征如图 1 – 2 所示。每种模式有各自的优缺点。不同行业部门的特点及其技术开发、法律和规章制度等因素会影响私营部门参与模式的选择。例如，水利和运输部门存量资产常采用管理合同模式，运输部门常采用承租/租赁模式，运输和电信部门常采用特许权模式，电力部门常采用交钥匙工程和资产私有化模式。

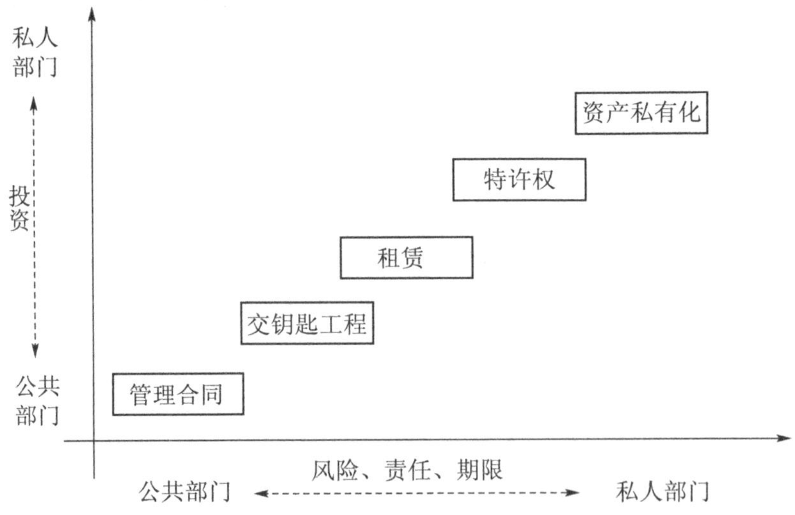

图 1 – 2　PPP 模式的基本特征

虽然表 1 – 3 所示的模式范围为单一项，但可以进行组合。现实情况是许多合同采用了组合式 PPP 模式。其中，PPP 合同期限主要以项目的全生命周期成本和全生命周期效益的“全生命周期”方法来设定，最大限度地提高服务供给的效率。合同的确切期限取决于项目的类型和政策考量，期限应始终足够长，以使私人方有动力将服务交付成本、维护成本等纳入项目的设计阶段，以权衡优化初始投资成本与未来维护和运营成本。

表 1－3　PPP 模式分类及典型特征

类别	主要变体	资本资产所有权	投资责任	风险承担	合同期限/年
管理合同	外包	公共部门	公共部门	公共部门	1～3
	维护管理	公共部门	公共/私营部门	公共/私营部门	3～5
	运营管理	公共部门	公共部门	公共部门	3～5
交钥匙工程	—	公共部门	公共部门	公共/私营部门	1～3
承租/租赁	承租	公共部门	公共部门	公共/私营部门	3～20
	租赁①	公共部门	公共部门	公共/私营部门	3～20
特许权	特许经营	公共/私营部门	公共/私营部门	公共/私营部门	3～7
	BOT②	公共/私营部门	公共/私营部门	公共/私营部门	15～30
资产私有化	BOO/DBFO	私营部门	私营部门	私营部门	不定
	PFI③	公共/私营部门	私营部门	公共/私营部门	10～30
	资产剥离	私营部门	私营部门	私营部门	不定

①建设—租赁—移交（BLT）是一种变体；

②建设—运营—移交（BOT）有多种变体，如建设—移交—运营（BTO）、建设—拥有—运营—移交（BOOT）、建设—恢复—运营—移交（BROT）；

③私人融资计划（PFI）模式。在某些情形下，资产可转移或被公共部门保留。

（一）管理合同

管理合同是指政府将存量公共资产的运营、维护及用户服务等职责授权给社会资本或项目公司的项目运作方式。

管理合同的基本特征：管理合同的模式利用了私营部门在服务设计和交付、业务控制、人力资源管理和设备采购等方面的专业优势。但是公共部门保留设施设备的所有权。私营部门通常承担与服务有关的具体责任，不承担商业风险。公共部门基于绩效向私人承包商支付管理和运营服务费用。

管理合同适用于存量资产项目：该模式通常合同期限很短，为 2～5 年。但大型和复杂的运营设施期限有时会很长，例如港口或机场。图 1－3 显示了管理合同的典型结构。

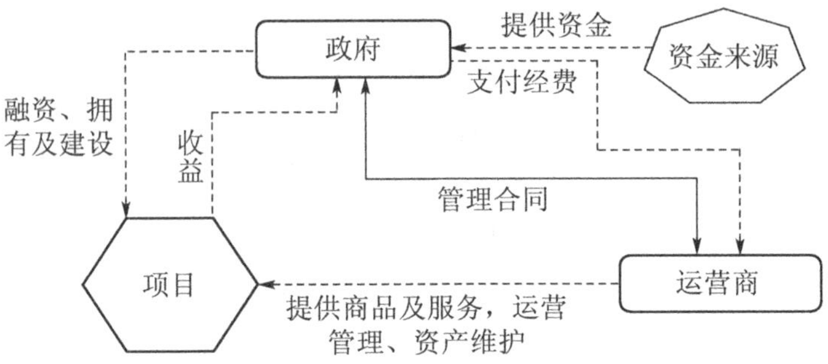

图1-3　管理合同典型结构

管理合同模式的主要优缺点：

优点：可在短时间内实施；是所有PPP中最简明的；在一些国家，政府和社会更容易接受某些项目（如水务、港口、机场等战略项目）。

缺点：效率收益可能有限，私营部门投资的动力也很小；公共部门承担几乎所有风险；主要适用于存量基础设施资产。

管理合同有几种变体，包括供应或服务合同（外包）、维护管理、运营管理。

1. 供应或服务合同

供应或服务合同的典型例子如设备、原材料、能源和电力以及劳动力的供应。私人特许公司可以与其他实体/供应商签订供应或服务合同，供应设备、材料、电力和能源以及劳动力。一个组织（公共或私营部门）的非核心活动，如餐饮、清洁、医疗、行李搬运、保安等服务，可由私营部门服务提供方承担。这种安排也称为外包。

如果私营部门要直接向基础设施的用户提供服务，则使用某种形式的许可证或经营协议。这种安排的例子包括向装卸公司发放港口货物装卸工人许可证、为铁路系统的乘客提供餐饮服务。发放许可证的主要目的是确保按照所需的数量和质量水平提供相关服务。

2. 维护管理

资产维护合同广受运输运营商欢迎。有时，还可以聘请设备供应商维护从他们那里采购的资产。

3. 业务管理

港口或机场等主要运输设施在当地人力或设施运营有限或在新业务的初始阶段，由私营部门运营商按管理合同进行管理和运营能取得较好的效果。管理合同在运输部门也很常见，可用于提供一些非运输业务，例如公共交通的票务系统和预订系统。城市交通服务的运营管理也可以外包给私营部门。

在最简单的管理合同类型中，向私人经营者支付执行管理任务的固定费用。对复杂的管理合同可以通过设定绩效目标促进私人经营者提高效率，报酬与绩效挂钩。

（二）交钥匙工程

交钥匙工程是基础设施的传统公共部门采购模式。通常通过招标选择私人承包商。私人承包商以固定费用、费率或总成本设计和建设基础设施，这是选择中标的关键标准之一。承包商承担设计和施工阶段所涉及的风险。

交钥匙工程模式，私营部门的投资规模普遍较小且期限短，通常没有强烈的动机来提前完成项目。这种类型的私营部门参与也被称为设计—建设模式（DB）。图1-4显示了交钥匙工程合同的典型结构。

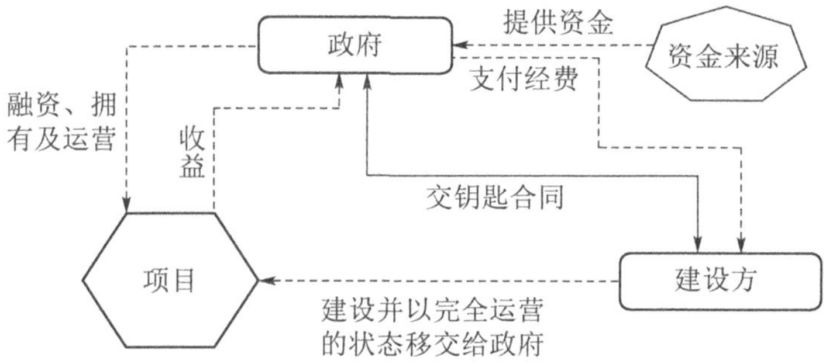

图1-4 交钥匙合同

交钥匙工程模式的主要优缺点：

优点：是广为人知的传统模式；合同协议并不复杂；一般而言，合同执行不是主要问题。

缺点：私营部门没有强烈的动机提前完成项目；除施工和安装阶段的风险外，所有风险均由公共部门承担；在有限的时间内降低私人投资；可以进行创新的空间有限。

（三）承租/租赁

在承租/租赁类型的安排中，经营者（承租人）负责运营和维护现有基础设施和服务，通常不需要经营者进行任何大笔投资。但是，该模式通常与其他模式结合使用，如建设—租赁—运营—移交（BROT）。BROT项目的执行牵涉很多关键的、相互之间能良好协调和合作的关系人。私营部门投资规模大，经营周期长，要求各方通力合作，为银行金融机构和私人财团提供良好的投资机会，缓解政府财政负担。BROT结构特别适合于提供社会性产品或服务项目，如交通或能源项目。图1-5显示了承租/租赁合同的典型结构。

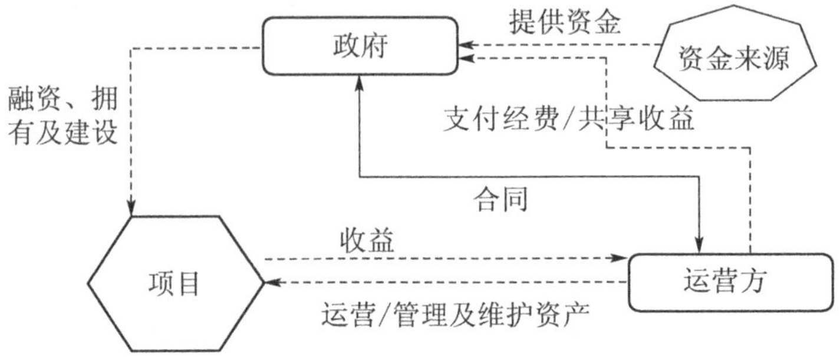

图 1－5　承租/租赁合同

在承租/租赁类型的安排中，运营商在约定时间内从政府那里租赁基础设施和设备。一般来说，政府对投资负有责任，承担投资风险，转移运营风险给运营商。但是，作为租赁的一部分，一些资产可能会在资产的经济寿命内永久转让。固定设施和土地的出租时间比流动资产更长。承租人开发的土地通常转让 15～30 年。

需要指出的是，如果根据租赁协定转让给私营部门的资产仅限于使用某种特定的功能或服务，资产的价值就取决于这种功能或服务的收益潜力。如果资产在没有使用限制的情况下转让给私营部门，那么资产价值则与资产的最佳使用及其所能产生的收益有关。

承租/租赁模型的主要优缺点：

优点：可在短时间内实施；根据长期协议可能进行大量私人投资；在一些国家，港口和机场等战略性项目采用这种模式在法律和政治上更容易被接受。

缺点：私营部门投资的动力很小；几乎所有风险都由公共部门承担；通常用于存量基础设施资产；可能需要大量的监管监督。

（四）特许权

在特许权模式中，政府定义并授予实体（通常是私人公司）在一段固定期限内建造和运营设施的特定权利。政府可保留设施的最终所有权和提供服务的权利。特许经营类 PPP 项目需要私人参与部分或全部投资，并通过一定的合作机制与公共部门共担风险，共享收益。根据项目的实际收益情况，公共部门可能会向特许经营公司收取一定的特许经营费或给予一定的补偿，平衡好私营部门的利润和项目的公益性之间的关系，建立有效的监管机制发挥双方各自优势，节约项目的建设和经营成本，提高公共服务质量。项目合同结束后私营部门将项目的使用权或所有权移交给公共部门。特许经营期一般为 5～50 年。

图 1－6 显示了特许权合同的典型结构。在 PPP 的特许权模式中，SPV 可能

并非总是必要的，但是对于 BOT 类型的特许权，SPV 可能是必需的。

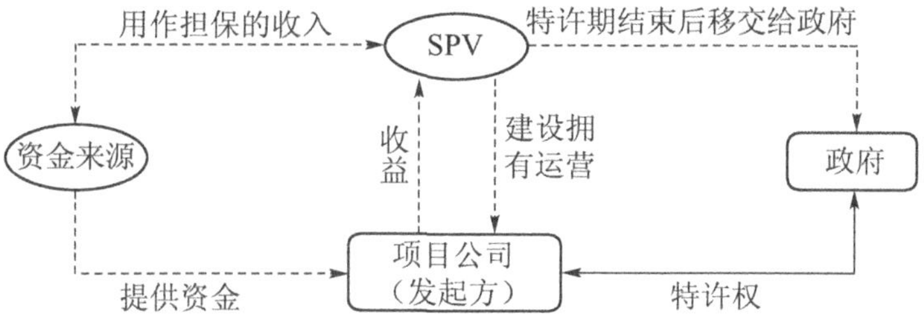

图 1-6 特许权合同

特许权模式的主要优点和缺点：

优点：私营部门承担了大部分风险；高水平的私人投资；在项目开发和实施以及技术创新的所有阶段提高效率的潜力很大。

缺点：实施及管理高度复杂；可能会给政府带来潜在的财政成本；各方之间的谈判和最终达成项目交易可能需要很长时间；可能需要密切的监管监督；中长期项目对政府产生或有负债。

公共部门可根据两种合同安排向特许公司授予特许权：特许经营、BOT 类型合同。

1. 特许经营

在特许经营安排下，特许经营商提供特许经营当局指定的服务。私营部门承担商业风险，可能需要进行投资。在提供城市公共汽车或铁路服务方面，这种形式的私营部门参与历来很受欢迎。在法国基础设施和社会事业投资建设领域私有化程度相对较低，长期以来特许经营制度是建设和管理公共服务和基础设施的最普遍模式，几乎所有的公共服务都向特许经营者开放。污水处理、供水、垃圾收集与管理、城市交通等都可以按照委托管理等合同来组织。自 20 世纪 90 年代初，威立雅、威望迪等法国水务集团就纷纷登陆中国市场，开展了多个特许经营水务项目。

2. 建设—运营—转让（BOT）

BOT 的基本特征。在 BOT 的其他变体中，即建设—转让—经营（BTO）、建设—修复—经营—转让（BROT）、建设—租赁—转让（BLT）类型模式，特许经营方根据合同设定的经营年限承担设施的投资及经营，合同期满后，所有权归还公共部门。在这种安排中，经营和投资风险基本上转移给特许经营方。

然而，在 BOT 类型模式中，PPP 模式中包含的政府显性或隐性担保将形成或有债务，若缺乏合理的监管，可能导致政府支出压力加大形成新的政府债务风险。这些负债可能由于提供的贷款担保以及次主权政府和公共或私人实体对非担保贷款的违约而产生。通过保留最终所有权和政府管制政策可以将风险分配给最适合承担或规避风险的各方。

（1）BOT 交易结构。特许公司在 BOT 项目中的收益来自用户设施的管理和营销（例如收费公路项目中的通行费收益）以及在可能的情况下商业空间租赁。BOT 项目的特许权可以按照固定租赁期的最大收益分成或固定租赁期的最低收益分成，或者两者结合，或者仅基于最低租赁期分成。

（2）政府参与 BOT 项目。在 BOT 特许权中，特许公司需要设立一个项目公司（SPV）来实施和运营项目。SPV 可以成立为合资公司，由多个私营部门和公共部门参与。除参股外，政府还可以向 BOT 项目提供资金补助或其他财政激励。但是，政府可能没有任何股权参与 BOT 项目公司的情况也很常见。我国批准的首个 BOT 试点项目——广西来宾 B 电厂特许经营项目，1995 年由法国电力公司及阿尔斯通公司联合体承接。

（3）建设—修复—运营—转让（BROT）是 BOT 安排的一种变体。根据 BROT 安排，私人开发商为现有设施建设附加设施，或完成部分建成的设施并修复存量资产，然后在合同期内自行承担运营和维护设施的风险。BROT 是水务行业流行的 PPP 模式。在中国、印度尼西亚和泰国，水务部门开展了许多 BROT 项目。

（4）特许经营与 BOT 的区别。特许经营和 BOT 类型特许经营之间的一个关键区别是，在特许经营中，政府部门主导制定服务标准，并为此支付费用；而在 BOT 类型中，政府部门制定一些基本要求，可能不承担直接财务责任。

（五）资产私有化

在资产私有化模式中，私有化类 PPP 项目由私营部门负责项目的全部投资，在政府监管下，通过向用户收费收回投资实现利润。由于私有化类 PPP 项目的所有权永久归私人拥有，并且不具备有限追索的特性，因此私营部门在这类 PPP 项目中承担的风险最大。

为什么资产私有化可能是有益的？有人认为，通过将基础设施服务的设计、建造和运营整合到一个合同中，可以产生协同效应而获得收益。由于同一实体建设和运营服务，按照预定标准提供服务而付费，因此它没有降低服务质量或数量的动机。传统的公共部门采购模式通常将设计、建设和运营分开。与此相比，资产私有化形式的合同协议减少了设计和施工阶段成本超支或选择低效技术的风险，因为运营商未来的收益取决于控制成本。公共部门的主要优势在于免除承担设计和施工费用，将某些风险转移给私营部门，并承诺改善项目设计、建设和运营。图 1－7 显示了此类 PPP 模型的典型结构。

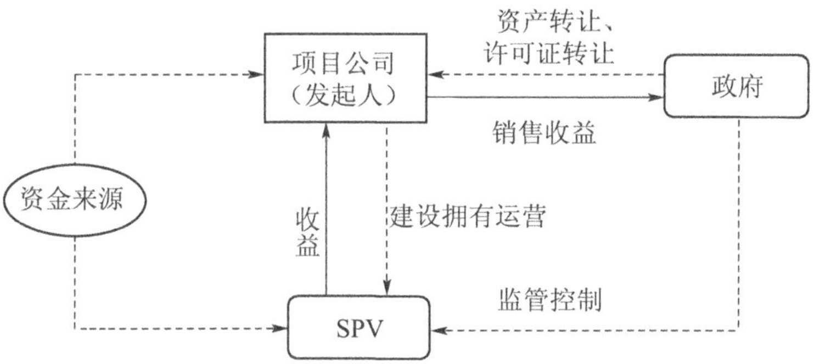

图1-7 资产私有化

资产私有化模式的主要优缺点：

优点：私营部门可能承担很大比例的风险；高水平的私人投资；提高效率和创新的潜力非常高。

缺点：实施和管理合同制度复杂；可能会给政府带来潜在的财政成本；各方之间的谈判和最终达成项目交易可能需要很长时间；监管效率非常重要；中长期项目可能会对政府产生或有负债。

资产私有化PPP模式的主要类型包括：

建设—拥有—运营（BOO）、私人融资计划、通过许可或出售进行资产剥离。

1. 建设—拥有—运营（BOO）

在建设—拥有—运营（BOO）类型及其他变体如设计—建设—融资—运营（DBFO）中，私营部门建设、拥有和运营设施，并向其用户或受益人出售产品/服务。这是许多国家私人参与电力部门的PPP最常见的模式。就BOO电力项目而言，政府（或配电公司）或以项目营运商的商定价格签订长期购电协议（通常称为承购协议）。

许可。许可通常被视为私人参与BOO模式的一种变体。政府向私营企业发放牌照以提供固定电话和流动电话、互联网服务、电视和电台广播服务、公共交通和铁路餐饮服务等。但是，也可认为许可是一种具有私有资产所有权的“特许权”形式。许可证制度允许多个运营商（如移动电话运营商）提供相互竞争的服务，从而给市场带来竞争压力。许可可分为两类：一种是数量许可，通过数量许可设置限制，政府能够调节服务供应商之间的竞争，并调整一个地区与其他地区之间的供应；另一种是质量许可，质量许可并不限制供给方的数量或提供的服务数量，而是规定了需要提供的服务质量。政府可从根据与私营部门许可安排获得的收入中获得一小部分收入。

2. 私人融资计划（PFI）

1992 年，英国首创典型的政府购买服务类 PPP 模式——私人融资计划（private finance initiative，PFI）。英国习惯于将 PPP 与 PFI 模式视为同一个概念，PFI 的核心是私人资本对项目进行融资建设，并通过项目运营收取公共服务费用来弥补初始投资成本和获得一定的投资回报。PFI 使传统上必须由政府出资建设运营的公共项目转变为利用私人资本优势进行市场化运营，并利用私营部门的技术和管理优势提高公共基础设施供给效率和公共服务水平。英国政府不再将 PFI 视为融资工具，而是将其作为降低成本及提高效率的公共基础设施和服务的供给模式。在 PFI 模式中，与 BOO（建设—拥有—运营）模式类似的是私营部门建造、拥有和运营设施。然而，公共部门（与 BOO 模式中的用户不同）通过长期协议从私营部门购买服务。因此，PFI 项目在任何情况下都对政府承担直接财务义务。此外，向贷款人提供贷款担保以及公共或私人实体对无担保贷款违约，也可能产生显性和隐性或有负债。

在 PFI 模式中，合同期结束时的资产所有权可以转移给公共部门，也可以不转移给公共部门。PFI 模式也有很多变体。

3. 资产剥离

在资产剥离模式下，政府将一项资产的所有权部分或全部转让给私营部门，私营部门购买国有企业的股权。通常政府会附加一些条件，以确保设施得到改造，并继续用于服务公众。

从以上 PPP 的不同模式中可以看出：

①PPP 模式有很多种类型。这些模式因资本资产所有权、投资责任、风险承担和合同期限的不同而不同。然而，没有一种 PPP 模式可以满足项目的选址设置、技术和财政特征的所有条件。在选择最合适的模式时，应考虑到所在国家的政治、法律和社会文化情况以及有关项目和部门的财政和技术特点。

②针对不同类型的项目，政府有必要制定明确的政策指导方针。各国政府考虑不同类型的 PPP 模式及其一般准则时，会考虑到模式在特定情况下的适当性。关于 PPP 模式的指导方针可以在政府的 PPP 政策框架或国家法律文书中加以规定。

③考虑到某些类型的 PPP 模式（如 BOT 模式）的复杂性，可以将注意力放在更切实际的私人参与形式上，旨在通过改进运营来提高存量资产的效率。对于商业风险较高的新建项目，减少私营部门承担的风险可能更为现实，特别是在一些国家 PPP 发展的早期阶段。

三、PPP 模式的其他分类

由于公私合作的形式多种多样，PPP 的分类也没有一个完全统一的标准。

（一）世界银行关于 PPP 的分类

世界银行将 PPP 分为三类，主要包括外包类、特许经营类、私有化类三个体系分类（图 1－8）。

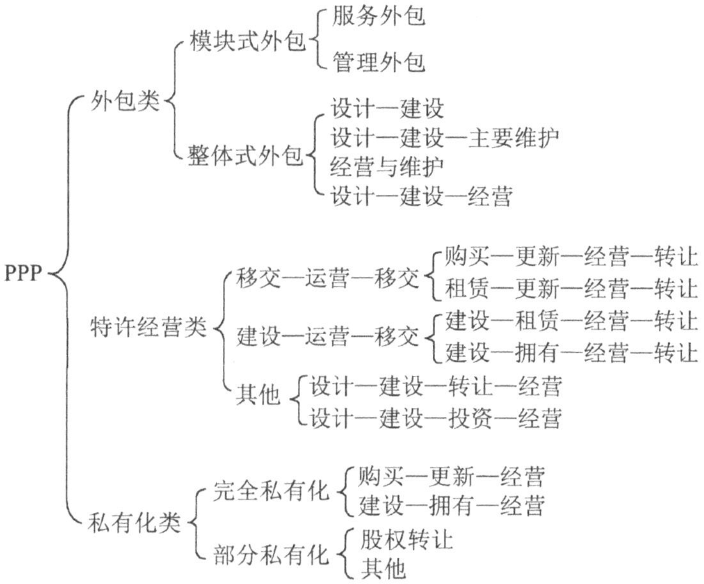

图 1－8 世界银行关于 PPP 的分类

（二）按收费方式分类

根据收费方式的不同，PPP 可以分为使用者付费（user charge）、政府付费（government payment）、可行性缺口补助（viability gap funding）三种基本模式。

使用者付费模式是指由最终消费用户直接付费购买公共产品和服务。其特点是完全通过向用户收费来回收成本、支付运营费用，并实现合理的利润，一般用于发电厂、高速公路、地铁等领域。在此模式下，市场需求的风险完全转移给私营部门，后者提供的产品和服务要接受市场检验。这种模式适合经营性公共项目。

政府付费模式是指政府直接付费购买公共产品和服务，主要包括可用性付费（availability payment）、使用量付费（usage payment）和绩效付费（performance payment）。在某些领域，项目不具有产生现金流的能力，或市场需求的风险不能或者不适合转移给私营部门（例如城市绿化和公立学校），此时就需要政府根据其提供服务的潜在能力、质量等是否达标来支付固定的费用。在这种模式下，政府承担市场需求的所有风险；私营部门不承担市场风险，通过创新改进质量的动力也就相对较弱。

可行性缺口补助模式是指使用者付费不能满足社会资本或项目公司成本回收和合理回报，而由政府以财政补贴、股本投入、优惠贷款和其他优惠政策的形式，给予社会资本或项目公司经济补助。《政府和社会资本合作项目财政承受能力论证指引》（财金〔2015〕21号）规定："对可行性缺口补助模式的项目，在项目运营补贴期间，政府承担部分直接付费责任。政府每年直接付费数额包括：社会资本方承担的年均建设成本（折算成各年度现值）、年度运营成本和合理利润，再减去每年使用者付费的数额。"该模式适用于准经营性的公共项目。

在使用者付费的模式下，政府则可以不承担任何支出；在政府付费模式下，政府节省了投资到设施运营期间的融资利息；在可行性缺口补助模式下，政府补助非一次性到位，缓解了流动性压力。

（三）按招标方式分类

根据招标方式，PPP可以分为应标建议模式和非应标建议模式。

应标建议模式由政府发起，即政府根据需求发布招标公告，随后由私营部门投标响应。政府在运用应标模式进行PPP采购程序之前，通常在内部以商业方案的方式进行详细设计和可行性论证，包括PPP项目结构、投资回报模式、费用及价格政策、风险分担及其他边界条件等。

非应标建议模式是由私营部门主动提出开展PPP项目的建议，而不是响应政府的要求，私营部门主动向政府提交基础设施项目提案。非应标建议模式由于赋予了私营部门更多的主动性，有助于通过充分发挥私营部门的创造性来弥补公共部门的不足。通常，如果政府认可这个创新性提案，政府应该引入竞争程序，允许其他公司提交替代提案。

（四）我国现阶段相关规范性文件中的PPP典型分类

1. 按照资产所有权、运营权安排的不同进行分类

根据《财政部关于印发〈政府和社会资本合作模式操作指南（试行）〉的通知》（财金〔2014〕113号）的相关规定，PPP的项目运作方式主要包括以下六类：

（1）委托运营（operations & maintenance，O&M），是指政府将存量公共资产的运营维护职责委托给社会资本或项目公司，社会资本或项目公司不负责用户服务的项目运作方式。政府保留资产所有权，只向社会资本或项目公司支付委托运营费。

（2）管理合同（management contract，MC），是指政府将存量公共资产的运营、维护及用户服务职责授权给社会资本或项目公司的项目运作方式。政府保留

资产所有权，只向社会资本或项目公司支付管理费。

（3）建设—运营—移交（BOT），是指由社会资本或项目公司承担新建项目的设计、融资、建设、运营、维护和用户服务职责，合同期满后项目资产及相关权利等移交给政府的项目运作方式。

（4）建设—拥有—运营（BOO），由 BOT 模式演变而来，两者区别主要是 BOO 方式下社会资本或项目公司拥有项目所有权，但必须在合同中注明保证公益性的约束条款，一般不涉及项目期满移交。

（5）转让—运营—移交（TOT），是指政府将存量资产所有权有偿转让给社会资本或项目公司，并由其负责运营、维护和用户服务，合同期满后资产及其所有权等移交给政府的项目运作方式。

（6）改建—运营—移交（ROT），是指政府在 TOT 模式的基础上，增加改扩建内容的项目运作方式。

2. 按照社会资本方收回投资的来源分类

根据《国家发展改革委关于开展政府和社会资本合作的指导意见》（发改投资〔2014〕2724 号）将 PPP 项目分为以下三类：

（1）经营性项目。对于具有明确的收费基础，并且经营收费能够完全覆盖投资成本的项目，可通过政府授予特许经营权，采用建设—运营—移交（BOT）、建设—拥有—运营—移交（BOOT）等模式推进。要依法放开相关项目的建设、运营市场，积极推动自然垄断行业逐步实行特许经营。

（2）准经营性项目。对于经营收费不足以覆盖投资成本需政府补贴部分资金或资源的项目，可通过政府授予特许经营权附加部分补贴或直接投资参股等措施，采用建设—运营—移交（BOT）、建设—拥有—运营（BOO）等模式推进。要建立投资、补贴与价格的协同机制，为投资者获得合理回报积极创造条件。

（3）非经营性项目。对于缺乏使用者付费基础、主要依靠政府付费回收投资成本的项目，可通过政府购买服务，采用建设—拥有—运营（BOO）、委托运营等市场化模式推进。要合理确定购买内容，把有限的资金用在刀刃上，切实提高资金使用效益。

第四节　我国 PPP 发展历程

PPP 背后隐含的公私合作理念在我国早已有之，如 1906 年 6 月开工的新宁铁路。我国在 20 世纪 80 年代以前，基础设施及公共事业投资一般由政府或其授权的公共机构负责，处于政府或公共部门垄断状态，投融资体制机制单一、僵化。随着我国实行改革开放，全国各地开始探索如何打破原有公共部门垄断格局，学习引进借鉴国际上基础设施市场化运作的成熟经验，推动投融资体制改革的破题。我国现代意义上的 PPP 探索可追溯到 20 世纪 80 年代，特别是 2014 年以来我国大规模推广 PPP。目前，我国已经成为全球最大的 PPP 市场。根据 PPP 项目中参与的社会资本类型以及当时的历史背景，可将我国 PPP 发展大致归纳为 5 个发展阶段，分别是探索阶段（1984—1993 年）、试点阶段（1994—2002 年）、推广阶段（2003—2008 年）、反复阶段（2009—2013 年）、普及及规范发展阶段（2014 年—），见表 1－4。

表 1－4　中国 PPP 模式的发展历程

阶段	时间跨度	理论背景	现实背景	社会资本类型
探索	1984—1993 年	改革开放	对外开放，吸引外资	外资企业
试点	1994—2002 年	建立社会主义市场经济体制	分税制改革	外资企业
推广	2003—2008 年	放宽非公有资本市场准入限制	经济持续高速增长	民营企业
反复	2009—2013 年	“中国模式”思潮	金融危机，四万亿刺激	国有企业
规范	2014 年至今	市场在资源配置中起决定性作用	经济新常态	各类企业

PPP 在中国的历年发展情况见图 1－9、图 1－10。

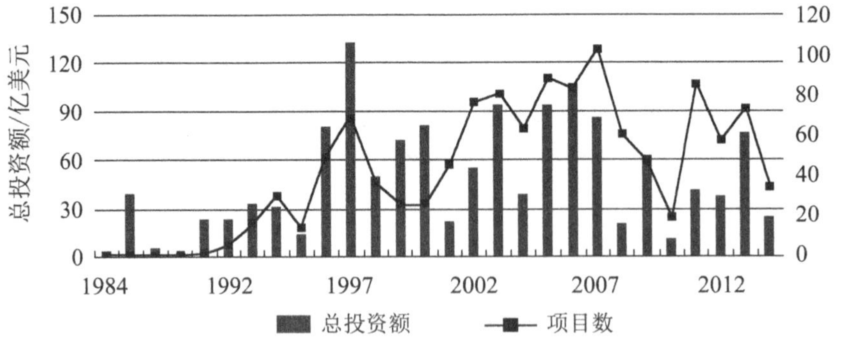

图 1－9　1984—2014 年我国 PPP 总投资额和项目数

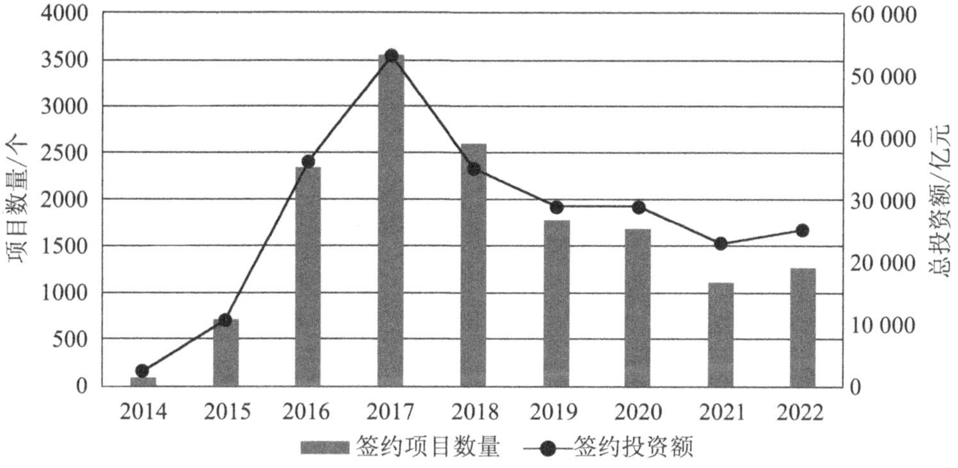

	2014 年	2015 年	2016 年	2017 年	2018 年	2019 年	2020 年	2021 年	2022 年
签约项目数（个）	83	721	2338	3546	2593	1781	1684	1109	1271
签约投资额（亿元）	2380	10 550	35 991	53 082	34 984	29 024	28 835	22 940	25 081

图 1－10　2014—2022 年我国 PPP 签约数量和投资额

一、探索阶段（1984—1993 年）

背景：20 世纪 80 年代中期中等发达国家出现了债务危机。为了推动经济继续发展，土耳其首先出现了 BOT 模式，其他发展中国家纷纷效仿。1985 年 7 月，我国第一个特许经营 BOT 项目深圳沙角 B 电厂开工，1999 年 8 月正式移交。该项目对于通过引入外资提供公共产品进行了大胆探索，具有标志性示范意义。

特征：当时，我国没有与 BOT 直接相关的法规，缺乏经验，审批项目时地方领导往往直接向中央汇报，中央首肯后地方才批准项目。探索阶段的项目都是投资人发起，通过谈判方式和政府达成一致，没有招标过程。当时这种探索仅局限于地方层面，不属于中央政府直接推动的有计划的改革行动。

二、试点阶段（1994—2002 年）

背景：1992 年底召开的“十四大”确立了社会主义市场经济体制，为基础设施市场化投融资改革提供了理论依据。1993 年起，原国家计委开始研究投融资体制改革问题，其中包括 BOT 可行性问题。1995 年 8 月，国家计委、电力部、交通部发布《关于试办外商投资特许权项目审批管理有关问题的通知》（计外资〔1995〕1208 号），首次由政府文件推动实施特许经营。原国家计委审批试行广西来宾 B 电厂、成都第六水厂、广东电白高速公路、武汉军山长江大桥和长沙望城电厂五个BOT试点项目，全国兴起通过特许经营引进外资的高潮。

特征：中央和地方政府在诸多行业包括电力、自来水、污水、燃气、桥梁等进行了BOT试点。在此阶段，PPP的主要目的是吸引外商投资。由于缺乏相关顶层设计，PPP项目在中国遇到水土不服的困境，国家计委一度启动的BOT立法工作最终陷于停顿。但是在该阶段后期，建设部及各地建设行政主管部门开始在市政公用事业领域试水特许经营模式，出现了如合肥市王小郢污水处理厂资产权益转让项目早期经典案例。这一阶段PPP项目总体成功率不高，许多项目没有签约或执行到中期后就夭折了，但为后来的BOT项目运作积累了重要经验。

三、推广阶段（2003—2008年）

背景：根据党的十六大精神，建设部出台了一系列政策。2002年，出台《大力推进市政公用市场化指导意见》。2004年，出台了《市政公共事业特许经营管理办法》（建设部令第126号），将特许经营的概念正式引入市政公用事业，明确鼓励非公有制资本进入市政公用事业的建设、运营与管理，市政工程特许经营取得重大发展。各级地方政府也纷纷以126号令为模板，先后出台了大量地方性法规、政府规章及政策性文件，用于引导和规范各自行政辖区范围内的特许经营项目开发。一些城市在交通设施、供电、供水、污水处理等市政公用设施领域开展了一批具有代表性的PPP项目试点，如北京地铁4号线在我国城市轨道交通领域就首次探索和实施了市场化PPP融资模式。

特征：国外、民营、国有、上市公司或企业同台竞争；激烈的竞争使得溢价频出，效率提高；传统企业受到了前所未有的压力，主动改革的积极性提高。在PPP模式取得了长足发展的同时，2007年开始，PPP领域也出现了一些失败项目，民间出现质疑改革的声音，主管部门也开始犹豫，市政公用事业市场化改革开始降温。

四、反复阶段（2009—2013年）

背景：我国城市化快速发展，市政不配套等城市问题凸显。2008年底我国推出了四万亿刺激计划，弊端也很快暴露出来，PPP模式受到严重冲击。政府开始重新重视民间投资。2010年，国务院出台了《关于鼓励和引导民间投资健康发展的若干意见》（简称“新36条”），但效果不明显。

特征：国有企业尤其是央企拿到了银行大量授信，私人资本和外资无法参与竞争。2012年国务院各部委出台了20多个落实“新36条”的细则，但是PPP市场没有发生实质性改变。在这一阶段的末期，私人资本较广泛地参与了PPP项目，但缺乏专业经验，出现了并购整合的案例。纵观这一阶段，广泛而多元的项目实践一定程度上促进了 PPP 理论体系的深化和发展，政策法规框架、项目结构及合同范式得到基本确立。

五、普及阶段（2014 年至今）

背景：中国城市化经过了十年高速发展，在取得成就的同时也出现了大量问题：房价见顶，土地财政难以为继，地方政府负债高，环境问题突出，国有体制效率低下。中国需要转变发展方式，提高效率。财政部专门成立了财政部政府和社会资本合作中心。

2014 年以来，中国的 PPP 签约项目数及签约投资金额均快速上升，2017 年达到顶峰，2018—2021 年快速下滑并趋缓，2022 年有所回升（图 1－10）。此阶段可再细分为两个时期，即迅猛发展期、规范发展期。

（一）迅猛发展期（2014—2017 年）

2013 年，党的十八届三中全会明确指出，“职能转变、优化资源配置、深化改革开放”“推进公共资源配置市场化，鼓励非公有制企业进入公共服务等特许经营领域”。2014 年 11 月，国务院印发《关于创新重点领域投融资机制鼓励社会投资的指导意见》（国发〔2014〕60 号），首次在国务院文件中系统阐述 PPP 模式。与此同时，国家发改委也在 2014 年 5 月份推出了 80 个鼓励社会资本参与建设营运的示范项目，范围涉及传统基础设施、信息基础设施、清洁能源、油气、煤化工、石化产业，且项目模式不局限于特许经营。以发改委、财政部为主的各主管和相关部委相继发布多项配套政策，鼓励私人投资公共服务和基础设施，包括《财政部关于推广运用政府和社会资本合作模式有关问题的通知》（财金〔2014〕76 号）、《关于开展政府和社会资本合作的指导意见》（发改投资〔2014〕2724 号）、《关于政府和社会资本合作模式操作指南（试行）》（财金〔2014〕113 号）、《PPP 项目合同指南（试行）》（财金〔2014〕156 号）、《关于印发政府和社会资本合作项目财政管理暂行办法的通知》（财金〔2016〕92 号）、《基础设施和公用事业特许经营管理办法》（发改等 6 部委 25 号令）等系列政策，指导、监管各地 PPP 项目实施，逐步将 PPP 模式向全社会深入推广。2016 年 1 月，国家发展改革委员会与联合国欧洲经济委员会签署 PPP 合作谅解备忘录，PPP 国际项目不断深化。建立了首个部委层面 PPP 项目库，广泛开展 PPP 项目推介等。2014 年 12 月，财政部公布批准全国新增 PPP 项目 1043 个，总投资 1.97 万亿元，PPP 进入快速发展阶段。PPP 快速发展的同时，也不可避免地出现了借 PPP 变相融资等不规范操作的乱象，导致 PPP 出现以下主要问题：政府兜底项目风险；预算支出超 10%；重建设、轻运营倾向严重；绕过相关产业政策监管等，加大了地方政府隐性债务风险。

（二）规范发展期（2018 年—）

PPP 模式的迅速成长也带来一系列问题，如一些地方对新发展理念贯彻不到位，特别是把 PPP 模式简单作为政府的一种投融资手段，在实务操作中出现不规范现象，产生了风险分配不合理、明股实债、政府变相兜底，重建设轻运营、绩效考核不完善、社会资本融资杠杆倍数过高等泛化异化问题，累积了一些隐性风险。

为了纠正 PPP 项目实施过程中出现的走偏、变异问题，提高入库项目质量和信息公开有效性，进一步规范 PPP 项目运作，防控金融风险，防止地方政府隐形债务抬头，2017 年，财政部下发了《关于规范政府和社会资本合作（PPP）综合信息平台项目库管理的通知》（财办金〔2017〕92 号），开展全国 PPP 项目大整改，PPP 项目进入规范发展期。该文件发布后，大量不合规的 PPP 项目被清理整顿，许多不适合采用 PPP 模式的项目纷纷退库。2018 年，财政部出台了《关于规范金融企业对地方政府和国有企业投融资行为有关问题的通知》（财金〔2018〕23 号），旨在规范金融企业对地方政府和国有企业投融资行为，与地方政府债务管理等政策形成合力，共同防范和化解地方政府债务风险。2019 年，财政部发布了《关于推进政府和社会资本合作规范发展的实施意见》（财金〔2019〕10 号），明确了规范的 PPP 项目应当符合的条件、新上政府付费项目原则上还应符合的审慎要求以及实施规范的 PPP 项目不得出现的行为等。2019 年，国家发改委出台了《关于依法依规加强 PPP 项目投资和建设管理的通知》（发改投资规〔2019〕1098 号）等文件。经过此后 3 年多的治理，PPP 从“鼓励中野蛮生长”走向“控制中规范发展”，PPP 市场投资渐趋理性，PPP 改革进入更加规范化、标准化、程序化发展阶段。2022 年，财政部发布了《关于进一步推动政府和社会资本合作（PPP）规范发展、阳光运行的通知》（财金〔2022〕119 号），彻底清理规范了 PPP 领域规则体系。这是在融合了 PPP 全面治理三年来的推行经验和二十大前后基建领域改革方向的共识后，出台的一份 PPP 领域的整体综合性文件，从而大力推进了 PPP 模式的规范化和市场化。

第二章 水利工程 PPP 项目总体应用

本章系统梳理水利工程在公共产品供给中的特点，分析水利工程采用 PPP 模式的必要性和可行性，回顾国内水利工程 PPP 融资发展历程，简述 2014 年以来水利工程 PPP 发展现状，梳理 2014 年以来国内水利行业 PPP 应用的相关政策，阐释水利工程 PPP 应用的主要模式和回报机制，以及水利工程 PPP 应用的主要流程和核心机制。

第一节 水利工程在公共产品供给中的特点

一、水利资产的主要特点

水利资产是指采取多种人工措施，在对水资源进行控制、调节、治理、开发、管理和保护过程中建成的、能满足人类生产生活需要的水利设施所形成的资产。根据受益特性不同，可将水利资产分为公益性水利资产、非公益性水利资产、准公益性水利资产三大类别。其中，准公益性水利资产是指介于非公益性与公益性之间的水利资产，兼有两类资产的属性。准公益性水利资产具有以下特性：

（1）产权的可分性和竞争性。准公益性水利资产的产权可以在投资者间分享，或由投资集团、组织独立享有，具有排他性。可能为产权拥有者带来经济利益，会有一部分社会资金自主参与利益及产权的竞争。

（2）效益享受的排他性。准公益性水利资产的效益可以通过产权成本对他人收费或者因产权所有的形式把某些不付款者排除在外。

（3）消费的公共性或准公共性与效益的间接性。准公益性水利资产还具有广泛的社会效益和生态效益。准公益性水利工程所创造的产品或服务会使国民经济各部门经济活动共同受益，具有消费或服务的公共性或准公共性，带来间接经济效益。

（4）水利资产价格的刚性。水利工程所提供的水利产品主要是作为一种生产和生活必需品，需求量受价格影响的弹性较小，如工业用水、灌溉用水、生活用水等，成本相对固定，在价格上表现为一定程度的刚性。另外，在农业用水方面，尤其在一些贫困地区，水产品的价格制定还必须考虑当地农民的承受能力。

（5）自然垄断性和稀缺性。准公益性水利工程具有自然垄断性，具有场所的固定性，固定成本有很大的沉淀性，其服务价格在不同程度上受到政府的控制。作为战略性的经济资源，水资源具有稀缺性，而洪涝灾害、干旱缺水、水生态恶化将直接影响到国家的经济建设和社会进步。

（6）关联性。准公益性水利工程所提供的产品、服务以及价格的变化必然会对其他部门造成关联影响，产生连锁反应。它的多种功能以及水的流动性使得其成为多项基础设施的载体，为各资源在区域间实现全社会范围内的优化配置提供了有力保障。

（7）建设投资特性。准公益性水利工程投资大，准公益性水利资产处于国民经济体系中生产链的“上游”，投资回报周期长，可推动GDP的增长，缓解国民经济“瓶颈”的制约；投资所产生的外部附加效应会涉及各地区、各部门、各企业以及团体和个人之间的利益关系。

二、水利工程的主要特点

水利基础设施的分类方法很多。根据工程的用途，水利基础设施可以分为农田水利工程、水土保持工程、防洪工程、航道与港口工程、城镇供排水工程、水力发电工程、滩涂围垦工程等。水利工程具有以下的主要特点：

（1）公益性。水利基础设施是国民经济的命脉，与民生息息相关，诸如防洪、灌溉、发电、供水、排涝、改善航运、保护生态环境等项目，既是政府不可推卸的责任，也是政府必须向公众提供的公共产品和公共服务。因此，水利基础设施的最突出特点就是公益性、公共性。

（2）专业性。水利工程项目受水文、地质和社会环境因素影响大，特别是大中型水库工程，水文地质条件复杂，施工环境开放，工程施工季节性强，受自然条件制约影响大。建设过程中所涉及的各种水利、建筑技术专业性强、技术复杂，不是非专业性企业可以随意介入的，行业壁垒较高。因此，水利行业也有许多强制性的国家规范和行业规范。根据国家和行业有关规定，水利水电工程建设程序分为项目建议书、可行性研究报告、施工准备、初步设计、建设实施、生产准备、竣工验收、评价八个阶段。项目建设要依照施工程序和进度节点要求按次序进行，需要因地制宜选择施工方案，以求达到工程工期、质量和投资控制的建设目标。

（3）投资规模大。鉴于水利工程的特殊性，一般来说其涉及的淹没面积大，搬迁的移民多，受地形地质条件影响大、建筑物规模大、工程建设和回报周期长，施工环境受季节影响较大。一座大中型水利工程的投资规模往往超过数十亿元，部分跨度大的项目投资甚至超过百亿元。

(4) 盈利能力弱。水利基础设施主要为老百姓提供公共服务和产品，纯公益性的农村提引水和灌溉工程、防洪排涝工程不产生直接经济效益。部分供水设施常年因为水价机制没有形成，或者水价执行不到位，造成收入和成本严重倒挂，亏损严重。

(5) 影响面广。水利工程规划常常涉及整个流域或区域的水资源规划，兴建一项水利工程涉及工程枢纽和下游防洪、淹没、移民、迁建、生态调整及土地、林地征占用方面，需要综合考虑经济、社会、生态效益，以求达到最佳效果。

三、水利工程项目的划分

水利工程是为了实现兴水利、除水害的目标，在河流或渠道的适宜地段修建的不同类型建筑物的综合体。水利工程可以兴水利、除水害，弥补日常生产生活需要，具有公共产品属性。根据水利建设工程项目的资产属性和水利产品属性，可将水利工程项目分为三类：公益性水利项目、准公益性水利项目、经营性水利项目。

(1) 公益性水利项目，主要是指承担防洪、基本农田灌溉、水资源保护、水土保持、山区人畜饮水等公益性服务的水利设施。公益性水利项目还承担着扶贫功能，如向落后地区提供廉价水利产品和电力，对相关地区的生产和社会经济发展具有基础作用。公益性水利工程项目具有显著的公共产品特征，即消费的非排他性和非竞争性，不能通过市场机制由私人和企业来提供产品。这就决定了公益性水利工程的投资主体只能是政府。综合水利枢纽中的水库大坝建设事关公共安全和公众利益，属于防洪的公益性模块。公益性模块应以政府为主投资建设和运营管理。社会资本承担公益性任务的，政府可对工程建设投资、维修养护和管护经费等给予适当补助，并落实优惠政策。

(2) 准公益性水利项目，主要是指具有供水、航运、发电等兼具社会效益和经济效益的水利枢纽、水源工程、引调水工程。准公益性水利项目兼有公益性服务和经营性功能，以社会服务或管理功能为主，兼有经济效益或经济功能。工程建成后既承担防洪、排涝等社会公益性任务，又有供水、发电等经营性目的。水力发电、供水等都属于准公益性模块，可引入社会资本投资建设运营，落实水价、电价等政策，政府和社会资本可按照出资比例依法享有权益。

(3) 经营性水利项目，主要是指以工业、经济农业、城镇生产生活供水、水力发电、水产养殖、旅游等为建设目标的水利项目。

四、准公益性水利工程的特性

准公益性水利工程所提供的服务并不完全是纯公共性的，不应像国防安全那样完全免费、平等地向全体国民提供。准公益性水利枢纽工程是一种准公共产品，是社会公益性和商品经济性相结合的产物，以社会服务或管理功能为主，兼有经济效益或经济功能，同时又兼有社会效益。水利工程建设综合考虑兴利除害多功能目标（图2－1），一是兴利功能，包括提供城镇生活供水、工业用水、水力发电、农业灌溉、航运、生态环境供水、水产养殖、水利旅游等经济功能，可以直接计算增加值和国民生产总值，系经营性行为，可以列为竞争性产业范畴。二是除害功能，包括防洪、除涝、挡潮、降渍、水土保持等，属社会公益性行为，不能直接计算增加值和国民生产总值，只能客观地去计算受益范围内的公共减灾效益。

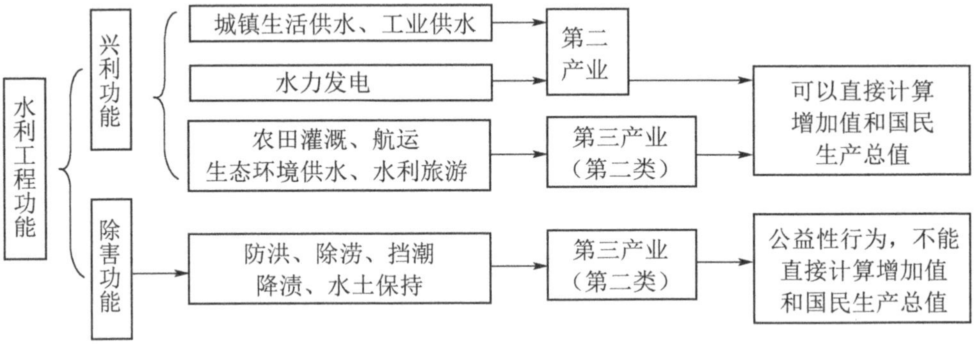

图2－1　水利工程功能作用及产业类属

准公益性水利工程同时提供公益性产品和营利性私人产品，反映在建设和运营上也同样具有公共产品和私人产品双重特征。因此必须理顺投资体制，保持水利工程的社会公益性和营利性平衡，在水利主管部门与生产要素投入者之间引入市场竞争机制，在准公益性水利工程建设参与者实现公共利益服务的同时，也要尊重企业主体按照市场经济规律从事经营活动的权利。由于我国准公益性水利工程建设资金严重短缺，一些准公益性水利工程的建设正逐步走向市场化。准公益性水利工程所提供的除害服务功能会表现为市场供给严重不足，客观上要求政府介入准公益性水利工程的配置与供给；其所提供的兴利功能营利性部分应尽量通过市场竞争机制来实现资源利用、生产和服务的最优配置。

第二节　水利工程采用 PPP 模式的必要性和可行性

水利工程是我国国民经济和社会发展的重要基础设施。长期以来，水利工程在防洪、排涝、防灾、减灾等方面对国民经济的发展做出了重大贡献，同时在工业生产、农业灌溉、居民生活、生态环境等方面发挥了巨大作用。“十三五”期间，水利工程持续稳步发展，累计落实水利建设投资 35 800 万元，南水北调东、中线一期工程累计调水 367.42 亿立方米，新增恢复、改善灌溉面积 2 亿多亩。2020 年，我国出现 1998 年以来最严重汛情，836 条河流发生超警戒水位以上洪水，得益于重大水利工程相继投入使用，洪涝灾害伤亡人数大幅低于近 20 年平均值。由此看出，水利工程的设施完善健全及有效运营能极大地保障人民群众的生命财产安全。

一、采用 PPP 模式的必要性

1. 有利于政府转变职能

基于 PPP 经营模式，合同双方在遵守法律合同的条件下共享收益，共担风险；同时维系合同条款，为重大水利工程等公共基础设施利用者提供服务。在合作过程中，政府部门应当加强监督管理，不断提高政府及其职能部门的行政职责要求，健全和完善法律法规体系，从而形成良好的社会循环体系。

2. 有利于缓解政府财政压力，化解政府债务风险

水利基础设施往往具有投资规模大、建设周期长、技术复杂等特点，在传统投融资体制下，地方政府要在短期内承担全部建设资金，财政压力大。采取 PPP 模式可以将部分债权转变成股权，有效吸收多种社会资本融入，从而减轻政府的压力。同时，水利产品和服务有着稳定可靠的社会需求，政府扶持力度较大，若收益水平能够达到一定要求，将是社会资本乐于进入的优质领域。

3. 有利于提高工程建管运维效率

水利基础设施 PPP 项目范围主要是工程建设和运营管理。水利基础设施技术复杂度高，是一项高度复杂的系统工程，建设期对建设单位的施工技术和组织管理能力要求高，运营期对运营单位的运营管理和成本管控能力要求高。采用 PPP 模式，引入社会资本方，由社会资本方负责水利工程的建设管理和运维，有利于发挥社会资本方在工程建设、运营管理等方面的优势，从而提高建设管理和运维的效率。

二、采取PPP模式的可行性

1. 符合国家政策条件

为了化解债务风险，强化基础设施建设，加快推进城镇化建设，国家财政部、发改委等职能部门近年来相继发布了一系列PPP相关政策文件，鼓励基础设施建设领域采取PPP模式。2016年，出台的《国家发展改革委关于切实做好传统基础设施领域政府和社会资本合作有关工作的通知》（发改投资〔2016〕1744号）就进一步做好传统基础设施领域政府和社会资本合作（PPP）相关工作，积极鼓励和引导民间投资等方面提出明确要求：各地发展改革部门要会同有关行业主管部门等，切实做好能源、交通运输、水利、环境保护、农业、林业以及重大市政工程等基础设施领域PPP推进工作，进一步加强协调配合，形成政策合力，确保政令统一、政策协同、组织高效、精准发力，共同推动政府和社会资本合作工作顺利开展。随后，国家有关部门相继出台《关于鼓励和引导社会资本参与重大水利工程建设运营的实施意见》《政府和社会资本合作建设重大水利工程操作指南（试行）》《水利部关于推进水利基础设施政府和社会资本合作（PPP）模式发展的指导意见》等政策文件，规范政府和社会资本在水利建设行业开展合作的方式与内容。

2. 水利投资管理涉及的多元主体适合运用PPP模式

水利工程建设运营管理涉及政府、施工建设方、运营管理方等多个主体，为PPP模式建设提供了可能。PPP模式在现实应用过程中涉及多个主体，通过各方相关主体的相互联合、相互合作最终组成一种新的组织形式，来实施对水利工程项目的投资、建设和维护等。一般的水利工程项目政府和社会资本合作模式如图2-2所示。我国国有经济占主体地位，长久以来，规模大且技术复杂的水利工程项目主要是由各级各类国有企业承担，国有企业储备了具有丰富专业知识、管理经验的人才队伍。因此，在我国目前的经济结构条件下，承担重大水利工程PPP项目社会资本方的主体是国有企业。国有企业不同于西方市场经济国家所理解的私人部门，亦非追求公共利益最大化的公共部门，因为我国国有企业建立了现代企业制度，需要按照市场规则从事生产经营活动，有自身的盈利要求。中国银行业监督管理委员会和国家发展和改革委员会印发的《关于银行业支持重点领域重大工程建设的指导意见》（银监发〔2015〕43号）明确，“符合下列三个条件的地方政府融资平台公司，可以作为社会资本参与当地政府的PPP项目：一是已经建立现代企业制度、实现市场化运营；二是其承担的地方政府债务已纳入政府财政预算、得到妥善处置；三是明确公告今后不再承担地方政府举债融资职能”。由此可见，从国家的政策法规层面，国有企业作为社会资本方参与PPP项目是没有法律障碍的。随着基础设施投融资体制改革的不断深化，国有企业之外的各类社会资本参与 PPP 项目合作的比例还会进一步上升。

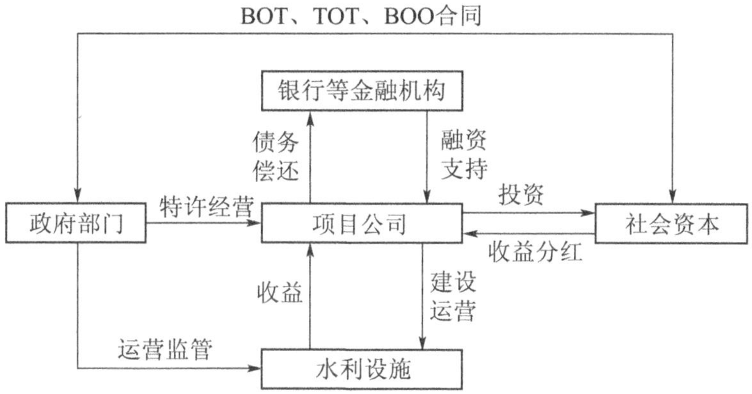

图 2－2　水利工程项目 PPP 模式

3. 水利基础设施具有准经营性公共产品特征

水利基础设施与铁路行业、轨道交通和高速公路等基础设施领域都同属于公益性特征的基础性行业。PPP 模式引入我国以来，已经在众多基础设施领域进行了一定程度的尝试，为水利基础设施采取 PPP 模式提供了经验借鉴。同时，水利基础设施还具有一定的经营性特征，在防洪基础上用来发电，可以产生一定的经济收益。水利基础设施这种准经营性特征为采取 PPP 模式提供了可能。

第三节　国内水利工程 PPP 融资发展历程

水利工程项目一般投资庞大，动辄以千万元、亿元计算，大型水利工程甚至耗费上千亿元，建设时长十几年。如此高额的投资成本，如果一直沿用传统投资模式由国家财政独资或者提供大部分资金支持水利建设项目，将给政府财政带来沉重负担，增加项目风险，降低建设效率。自 1995 年以来，PPP 融资模式被世行及亚行作为一种新兴的项目融资方式引入中国，与中国政府当时迫切寻求民间资本的需求不谋而合。近年来，国家有关部门相继出台《关于鼓励和引导社会资本参与重大水利工程建设运营的实施意见》（发改农经〔2015〕488 号）、《政府和社会资本合作建设重大水利工程操作指南（试行）》（发改农经〔2017〕2119 号）、《水利部关于推进水利基础设施政府和社会资本合作（PPP）模式发展的指导意见》（水规计〔2022〕239 号）等政策文件，规范政府和社会资本在水利建设行业开展合作的方式与内容。PPP 融资模式在我国水利行业的发展阶段如下：

（1）引入阶段（1995—2003 年）。在原国家计委的主导下，广西来宾 B 电厂、成都自来水六厂及长沙电厂等几个 BOT 项目相继开展。此阶段对中国式 PPP 的规范、专业化及本土化进行了有益的尝试，形成相对成熟的项目结构和协议文本，打破了水利行业传统的融资模式，为中国式 PPP 进入下一个发展阶段奠定了良好的基础。

（2）逐渐发展阶段（2004—2013 年）。2004 年，建设部颁布并实施了《市政公用事业特许经营管理方法》（126 号令），将特许经营的概念正式引入市政公用事业，并在城市供水、污水处理等领域发起大规模的项目实践，各级地方政府也纷纷以“126 号令”为模板，陆续出台了大量的地方法律法规，引导和规范各行各业的特色经营项目的开发。

（3）规范化大力发展阶段（2014 年至今）。2014 年对于水利行业 PPP 项目来说是大丰收年。2014 年以来，中央、财政部及相关部委紧锣密鼓地发布了 60 多份鼓励民间资本参与水利行业基础设施建设的政策文件，从国家法律的高度给予了最大的支持。2015 年 3 月，国家发改委、财政部、水利部联合发文《关于鼓励和引导社会资本参与重大水利工程建设运营的实施意见》（发改农经〔2015〕488 号），对新建项目要求建立健全政府和社会资本合作机制，鼓励社会资本以特许经营、参股控股等多种形式参与重大水利工程建设运营。

2015 年 5 月，国家发改委、财政部、水利部再次联合发文《关于开展社会资本参与重大水利工程建设运营的第一批试点工作的通知》（发改办农经〔2015〕1274 号），确定黑龙江奋斗水库、湖南莽山水库、广东韩江高陂水利枢纽、贵州马岭水利枢纽等 12 个重点水利工程为国家层面联系的社会资本参与重大水利工程建设运营的第一批试点项目，力争通过 2 年左右的时间探索形成可复制、可推广的经验，推动完善相关政策。2016 年 5 月，发改委官网显示首批 12 个 PPP 水利试点工作总体进展顺利，并取得重要阶段性成果。其中湖南莽山水库、广东韩江高陂水利枢纽 2 个项目已完成引入社会资本工作；重庆观景口水库、贵州马岭水利枢纽等 6 个试点项目已初步明确政府和社会资本的合作意向；其他 4 个试点项目正在加快推进相关工作。

第四节　水利工程 PPP 发展

根据财政部《全国 PPP 综合信息平台项目库 2022 年 10 月报》显示，截至 2022 年 10 月，2014 年以来累计入库项目 10 332 个，投资额 16.6 万亿元；累计签约项目 8 448 个、投资额 13.9 万亿元，分别占入库项目数、投资额的 81.8%、83.7%；累计开工建设项目 6 665 个，投资额 11.0 万亿元，分别占入库项目数、投资额的 64.5%、66.3%。

从入库项目来看，截至 2022 年 10 月，PPP 项目管理库中水利建设项目 438 个，占总项目数的 4.2%，排在入库项目行业第六位（前五位分别是市政工程、交通运输、生态建设和环境保护、城镇综合开发、教育）。截至 2022 年 10 月，水利建设项目投资总额 3 950 亿元，占总投资额的比重为 2.4%，排在入库行业投资额的第五位（前四位分别是交通运输、市政工程、城镇综合开发和生态环境保护）。

从签约项目来看，截至 2022 年 10 月，累计签约项目 8 448 个，投资额 13.9 万亿元，覆盖 31 个省（自治区、直辖市）及新疆建设兵团和 19 个领域，分别占入库项目数、投资额的 81.8%、83.7%。水利建设项目累计签约项目 361 个，占总签约项目数的 4.3%，排在累计签约项目数的第六位（前五位分别是市政工程、交通运输、生态建设和环境保护、城镇综合开发和教育）。截至 2022 年 10 月，水利建设累计签约项目投资额为 3 286 亿元，占累计签约投资额的 2.4%，排在累计签约投资额的第五位（前四位分别是交通运输、市政工程、城镇综合开发、生态建设和环境保护）。

截至 2022 年 12 月 31 日，2016 年以来仍在库的水利建设项目 434 个，其中投资额在 10 亿元以上的项目 113 个，占比 26.04%；3 亿～10 亿元项目 202 个，占比 46.54%；1 亿～3 亿元项目 103 个，占比 23.73%；1 亿元以下项目 16 个，占比 3.69%。可以看出，水利建设 PPP 项目投资额都比较大（表 2-1）。

表 2-1　PPP 水利建设项目概况

年份	项目数	10 亿元以上项目数	3 亿～10 亿元项目数	1 亿～3 亿元项目数	1 亿元以下项目数
2016	84	25	37	19	3
2017	80	16	41	20	3
2018	135	30	55	45	5
2019	31	10	15	4	2
2020	55	16	30	7	2
2021	34	9	18	6	1

续上表

年份	项目数	10 亿元以上项目数	3 亿～10 亿元项目数	1 亿～3 亿元项目数	1 亿元以下项目数
2022	15	7	6	2	0
合计	434	113	202	103	16

第五节　国内水利行业 PPP 应用的相关政策

长期以来，我国各级政府通常为公共基础设施的主要提供者和管理者，从项目的设立、设计、建设到运营维护均在政府主导下完成。随着我国经济增速逐步放缓，各级地方政府财政收入增速不断降低，如何在有限的预算范围内更好地使用财政资金，既提高投资效率产生更多的经济效益，又控制好相关风险实现可持续发展，成为亟待解决的问题。十八届三中全会明确提出，推进公共资源配置市场化，鼓励非公有制企业进入公共服务等特许经营领域。通过政府与社会资本合作模式提供公共服务，不仅可以破除各种行政垄断，激发市场主体活力，盘活社会存量资本，还可以充分发挥社会资本在管理效率、技术创新方面的优势，提高公共服务质量和效率，增加人民福祉。2014 年被不少业内人士视为 PPP 模式在中国的发展元年。2014 年 5 月，财政部政府和社会资本合作（PPP）工作领导小组正式设立。2014 年以来，国务院及相关部委发布了一系列 PPP 政策文件，大力推动包括水利行业在内的基础设施建设与公共服务领域运用 PPP 模式，建立了较为全面的 PPP 项目运作规范。PPP 模式在政府投融资各个领域，特别是基础设施建设和公共服务领域得到了广泛的运用。PPP 模式可广泛应用于基础设施建设领域，多数也适用于水利项目。以下汇总了 2014 年以来我国国家层面水利行业 PPP 应用的主要相关政策（表 2－2）。

表 2－2　水利行业 PPP 应用的相关主要政策文件汇总

发布时间	发布单位	文件名称	主要内容
2014 年 8 月	全国人大常委会	《中华人民共和国政府采购法（2014 修正）》（中华人民共和国主席令第 14 号）	共 9 章 88 条，包括：分总则、政府采购当事人、政府采购方式、政府采购程序、政府采购合同、质疑与投诉、监督检查、法律责任、附则

续上表

发布时间	发布单位	文件名称	主要内容
2014 年 9 月	财政部	《关于推广运用政府和社会资本合作模式有关问题的通知》（财金〔2014〕76 号）	该文件的出台拉开了我国大力推广 PPP 模式的序幕。强调了推广 PPP 模式对于加快新型城镇化建设、提升国家治理能力、构建现代财政制度的重要意义。开展 PPP 示范项目工作，加强 PPP 项目的指导性。强调首先要做好制度设计和政策安排，明确适用于政府和社会资本合作模式的项目类型、采购程序、融资管理、项目监管、绩效评价等事宜。政府和社会资本合作项目从明确投入方式、选择合作伙伴、确定运营补贴到提供公共服务，涉及预算管理、政府采购、政府性债务管理以及财政支出绩效评价等财政职能。强调加强组织和能力建设
2014 年 9 月	国务院	《国务院关于加强地方政府性债务管理的意见》（国发〔2014〕43 号）	共 7 个部分，分为总体要求、地方政府性债务管理机制、存量债务处理和在建项目后续融资三大方面
2014 年 9 月	国务院	《国务院关于深化预算管理制度改革的决定》（国发〔2014〕45 号）	对新修订的《预算法》修订的内容做出了更为细化的规定，提出了明确的改革要求。主要包括：一是完善政府预算体系，积极推进预算公开；二是改进预算管理和控制，建立跨年度预算平衡机制；三是加强财政收入管理，清理规范税收优惠政策；四是优化财政支出结构，加强结转结余资金管理；五是加强预算执行管理，提高财政支出绩效；六是规范地方政府债务管理，防范化解财政风险；七是规范理财行为，严肃财经纪律

续上表

发布时间	发布单位	文件名称	主要内容
2014 年 11 月	国务院	《关于创新重点领域投融资机制鼓励社会投资的指导意见》（国发〔2014〕60 号）	涉及四个层次：推广 PPP 模式、规范合作关系并保障各方利益、健全风险防范和监督机制以及健全退出机制
2014 年 11 月	财政部	《关于印发政府和社会资本合作模式操作指南（试行）的通知》（财金〔2014〕113 号）	共 7 章 37 条。借鉴了国际 PPP 最佳实践，结合国内 PPP 运作经验教训，对采用政府和社会资本合作模式的项目实施质量，对项目识别、准备、采购、执行、移交各环节操作流程进行进一步规范
2014 年 12 月	财政部	《政府采购竞争性磋商采购方式管理暂行办法》（财库〔2014〕214 号）	分总则、磋商程序、附则 3 章 38 条。竞争性磋商采购方式是财政部首次依法创新的采购方式，核心内容是“先明确采购需求，后竞争报价”的两阶段采购模式，倡导“物有所值”的价值目标。规定了五种适用情形
2014 年 12 月	财政部	《政府和社会资本合作项目政府采购管理办法》（财库〔2014〕215 号）	全面规范了 PPP 项目政府采购行为，并在政府采购的整体法律框架下对采购方式、采购程序等进行创新
2014 年 12 月	国家发展和改革委员会	《关于开展政府和社会资本合作的指导意见》，附件：《政府和社会资本合作项目通用合同指南（2014 年版）》（发改投资〔2014〕2724 号）	《指南》共设置 15 个模块，86 项条款。适用于不同模式合作项目的投融资、建设、运营和服务、移交等阶段，大纲性规定 PPP 项目合同所需具备的要点内容，具有较强的通用性和原则性

续上表

发布时间	发布单位	文件名称	主要内容
2014 年 12 月	财政部	《财政部关于规范政府和社会资本合作合同管理工作的通知》，附件：《PPP 项目合同指南（试行）》（财金〔2014〕156 号）	《指南》共 4 章 29 节，全面系统介绍 PPP 项目合同体系，对“PPP 项目合同的主要内容”进行专章、21 节予以规定，还分三章分别对 PPP 项目主要参与方、PPP 项目合同体系、不同付费机制下的核心要素、不同行业下的特定条款予以规定。细化和补充了各项要点内容，兼顾通用性与特殊性，更具操作性。是制定或拟订 PPP 项目合同的指引与参考
2015 年 1 月	国务院	《中华人民共和国政府采购法实施条例》（中华人民共和国国务院令第 658 号）	共 9 章 79 条，包括：总则、政府采购当事人、政府采购方式、政府采购程序、政府采购合同、质疑与投诉、监督检查、法律责任、附则
2015 年 3 月	国家发展和改革委员会、财政部、水利部	《关于鼓励和引导社会资本参与重大水利工程建设运营的实施意见》（发改农经〔2015〕488 号）	主要包括投融资体制改革、工程建设和运行管理体制改革、水价改革以及政府职能转变等
2015 年 4 月	国家发展和改革委员会、财政部、住房和城乡建设部、交通运输部、水利部、中国人民银行	《基础设施和公用事业特许经营管理办法》（2015 年第 25 号令）	共 8 章 60 条，包括：总则、特许经营协议订立、特许经营协议履行、特许经营协议变更和终止、监督管理和公共利益保障、争议解决、法律责任、附则
2015 年 4 月	财政部	《政府和社会资本合作项目财政承受能力论证指引》（财金〔2015〕21 号）	共 6 章 34 条，包括：总则、责任识别、支出测算、能力评估、信息披露、附则

续上表

发布时间	发布单位	文件名称	主要内容
2015年5月	国家发展改革委办公厅、财政部办公厅、水利部办公厅	《关于开展社会资本参与重大水利工程建设运营第一批试点工作的通知》（发改办农经〔2015〕1274号）	明确了试点项目选择、试点支持政策、试点主要内容、组织实施等
2015年5月	财政部、发展改革委、人民银行	《关于在公共服务领域推广政府和社会资本合作模式指导意见的通知》（国办发〔2015〕42号）	共6章25条，包括充分认识推广政府和社会资本合作模式的重大意义、总体要求、构建保障政府和社会资本合作模式持续健康发展的制度体系、规范推进政府和社会资本合作项目实施、政策保障、组织实施
2015年12月	财政部	《关于规范政府和社会资本合作（PPP）综合信息平台运行的通知》（财金〔2015〕166号）	附件：《政府和社会资本合作（PPP）综合信息平台运行规程》分总则、PPP综合信息平台内容、用户管理、信息管理与应用、监督检查、附则6章20条
2015年12月	财政部	《PPP物有所值评价指引》（财金〔2015〕167号）	共6章40条，包括：总则、评价准备、定性评价、定量评价、评价报告和信息披露、附则。指出现阶段以定性评价为主，鼓励开展定量评价。应统筹定性评价和定量评价结论，做出物有所值评价结论
2016年4月	财政部	《基本建设财务规则》（财政部令第81号）	共12章63条，包括：总则、建设资金筹集与使用管理、预算管理、建设成本管理、基建收入管理、工程价款结算管理、竣工财务决算管理、资产交付管理、结余资金管理、绩效评价、监督管理、附则

续上表

发布时间	发布单位	文件名称	主要内容
2016 年 7 月	中国共产党中央委员会等	《中共中央、国务院关于深化投融资体制改革的意见》（中发〔2016〕18 号）	针对经济社会发展中特别是投融资领域当中存在的一些问题，提出了改革的指导意见，主要包括探索建立并逐步推行投资项目首问负责制、探索不再审批的管理模式、创新多评合一的中介服务新模式、编制三年滚动政府投资计划、试点金融机构依法持有企业股权、建设投资项目在线审批监管平台
2016 年 9 月	财政部	《政府和社会资本合作项目财政管理暂行办法》（财金〔2016〕92 号）	明确 PPP 全生命周期，包括项目识别论证、政府采购、预算收支与绩效管理、资产负债管理、信息披露与监督检查等财政管理规范
2016 年 10 月	国家发展和改革委员会	《传统基础设施领域实施政府和社会资本合作项目工作导则》（发改投资〔2016〕2231 号）	提出了七个方面重点工作，包括加强项目策划储备、科学编制实施方案、建立项目联审机制、加快推进项目落地、全面规范项目实施、强化政策宣传培训、健全 PPP 推进机制
2017 年 1 月	财政部	《政府和社会资本合作（PPP）综合信息平台信息公开管理暂行办法》（财金〔2017〕1 号）	共 5 章 21 条，包括：总则、信息公开的内容、信息公开的方式、监督管理、附则
2017 年 11 月	财政部	《关于规范政府和社会资本合作（PPP）综合信息平台项目库管理的通知》（财办金〔2017〕92 号）	提出了规范项目库管理的三大举措：实行分类管理、统一新项目入库标准、组织开展已入库项目集中清理。明确了推动项目建立按绩效付费机制、加强项目融资管理方面的具体规定

续上表

发布时间	发布单位	文件名称	主要内容
2017 年 12 月	国家发展和改革委员会	《政府和社会资本合作建设重大水利工程操作指南（试行）》（发改农经〔2017〕2119 号）	共 6 章 29 条，包括：总则、项目储备、项目论证、社会资本方选择、项目执行、附则
2018 年 3 月	财政部	《关于规范金融企业对地方政府和国有企业投融资行为有关问题的通知》（财金〔2018〕23 号）	共 17 条意见，包括三个方面：总体要求和审查重点；投资基金、资产管理、PPP 等重点领域风险防控；财务、资本管理要求和绩效评价
2018 年 4 月	财政部	《关于进一步加强政府和社会资本合作（PPP）示范项目规范管理的通知》（财金〔2018〕54 号）	主要包括公布三类清理处置结果，明确两种退库处置方式，提出了项目前期、采购、签约、履约等各实施阶段的 12 个“不得”要求等
2018 年 12 月	全国人大常委会	《中华人民共和国预算法（2018 修正）》（中华人民共和国主席令第 22 号）	共 11 章 101 条，包括：总则、预算管理职权、预算收支范围、预算编制、预算审查和批准、预算执行、预算调整、决算、监督、法律责任、附则
2018 年 12 月	全国人大常委会	《中华人民共和国企业所得税法（2018 修正）》（中华人民共和国主席令第 23 号）	共 8 章 60 条，包括：总则、应纳税所得额、应纳税额、税收优惠、源泉扣缴、特别纳税调整、征收管理、附则
2019 年 3 月	财政部	《关于推进政府和社会资本合作规范发展的实施意见》（财金〔2019〕10 号）	作为财金〔2018〕54 号文《关于进一步加强政府和社会资本合作（PPP）示范项目规范管理的通知》的配套文件，特别针对 PPP 项目运营过程中存在的超出自身财力、固化政府支出责任、泛化运用范围等突出问题，旨在严格规范 PPP 项目带来的地方政府隐性债务风险，进一步厘清政府与社会资本的合作模式，规范 PPP 项目的运作，补齐基础设施短板

续上表

发布时间	发布单位	文件名称	主要内容
2019 年 5 月	国务院	《政府投资条例》（国务院第 712 号令）	共 7 章 39 条，包括：总则、政府投资决策、政府投资年度计划、政府投资项目实施、监督管理、法律责任、附则
2019 年 6 月	财政部、水利部	《水利发展资金管理办法》（财农〔2019〕54 号）	划定了 10 个方面的水利发展资金支出范围，明确规定因素法的分配因素及权重等
2019 年 6 月	国家发展和改革委员会	《关于依法依规加强 PPP 项目投资和建设管理的通知》（发改投资规〔2019〕1098 号）	全面、深入开展 PPP 项目可行性论证和审查，严格依法依规履行项目决策程序，严格实施方案审核，依法依规遴选社会资本，严格执行国务院关于固定资产投资项目资本金制度的各项规定，依法依规将所有 PPP 项目纳入全国投资项目在线审批监管平台统一管理，加强 PPP 项目监管，坚决惩戒违规失信行为。共 6 章 16 条
2022 年 5 月	水利部	《关于推进水利基础设施政府和社会资本合作（PPP）模式发展的指导意见》（水规计〔2022〕239 号）	共 7 章 27 条，包括：总体要求、主要领域、合作方式、重点工作、政策支持、服务监督、保障措施

从以上政策法规可以看出，我国目前对于水利行业 PPP 机制的规范主要是通过政策和规范性文件来实现的，而法律层面主要是通过《中华人民共和国政府采购法》《中华人民共和国招投标法》来规范政府的参与，尚未出台专门针对 PPP 的法律。政策层面大致可以分为推广促进类、指导实施类、制度创新类以及指南手册类四种，主要是国务院、发展改革委、财政部、水利部等制定的推广意见和业务指南。

第六节　水利工程 PPP 应用的主要模式和回报机制

根据已有研究整理，水利建设领域 PPP 项目的合作模式、合作期限和回报机制如下。

一、合作模式

PPP 项目合作模式一般包括委托运营（O&M）、管理合同（MC）、建设—运营—移交（BOT）、建设—拥有—运营（BOO）、转让—运营—移交（TOT）、改建—运营—移交（ROT）、建设—移交—运营（BTO）、租赁—运营—移交（LOT）、设计—建设—融资—运营—移交（DBFOT）等，可根据项目性质、资产权属等选择合适的运作方式。项目实施机构一般由地方水利行政主管部门承担，社会资本或由其组成的联合体则应具有施工资质。从水利建设行业 PPP 项目入库信息可见，采用的运作方式包括 BOT、TOT、ROT、TOT + BOT、BOO 等，其中 BOT 项目达 349 个，占比最大。根据项目的建设属性以及权属情况，BOT 也是所有 PPP 项目中运用最广的运作方式。

二、合作期限

根据《关于推进政府和社会资本合作规范发展的实施意见》（财金〔2019〕10 号）及《基础设施和公用事业特许经营管理办法》规定，PPP 项目合作期原则上应不低于 10 年，不高于 30 年。在已入库的水利建设行业 PPP 项目中，合作期最短为 10 年，最长为 49 年，平均年限 19 年。合作期 10 ～ 20 年的项目 305 个，21 ～ 30 年的项目 131 个，30 年以上的项目 8 个，其中 10 ～ 20 年的项目最多，占比达 68.69%。从落地率来看，合作期 30 年以上的项目落地率为 100%，但其仅有 8 个项目，不具备参考意义；而 10 ～ 20 年和 21 ～ 30 年的项目落地率分别为 74%、67%。为保证项目合作期内的风险可控，合作期 10 ～ 20 年的项目落地率更高。

三、回报机制

PPP 项目的回报主要分为政府付费、使用者付费以及可行性缺口补助。从水利建设行业 PPP 项目的入库信息来看，政府付费类项目 140 个，占 31.53%，投资额 1125.75 亿元；使用者付费类项目 29 个，占 6.53%，投资额 264.27 亿元；

可行性缺口补助类项目 275 个，占 61.94%，投资额 2469.79 亿元。从年度分布来看，政府付费类项目主要集中在 2019 年及以前。自《关于推进政府和社会资本合作规范发展的实施意见》出台后，财政部对回报机制提出了新的要求，入库 PPP 项目的回报机制以可行性缺口补助为主。

第七节 水利工程 PPP 应用的主要流程和核心机制

一、水利工程 PPP 应用的实施程序

根据《政府和社会资本合作建设重大水利工程操作指南（试行）》，水利 PPP 项目实施程序主要包括项目储备、项目论证、社会资本方选择、项目执行等。

（一）项目储备

项目储备是水利工程 PPP 项目的第一环节。已获得立项规划依据的水利枢纽工程项目要采取 PPP 模式首先需要被纳入 PPP 项目储备库，只有被纳入 PPP 项目储备库的项目才能进入 PPP 融资的下一阶段。根据《政府和社会资本合作建设重大水利工程操作指南（试行）》文件精神，地方各级水行政主管部门汇总整理本地区水利 PPP 项目，并依托投资项目在线审批监管平台（国家重大项目库）建立本地统一、共享的 PPP 项目库，及时向社会发布相关信息，做好项目储备、动态管理、滚动推进、实施监测等工作。项目合作期低于 10 年及没有现金流，或通过保底承诺、回购安排等方式违法违规融资、变相举债的项目，不纳入 PPP 项目库。对列入 PPP 项目库的水利 PPP 项目，计划当年推进实施的，需纳入本地 PPP 项目年度实施计划。使用各类政府投资资金的水利 PPP 项目，需纳入 3 年滚动政府投资计划。

（二）项目论证

项目论证主要是对水利工程采取 PPP 模式的必要性和可行性、PPP 合作模式、交易结构、回报机制、风险机制、退出机制等进行论证。根据《政府和社会资本合作建设重大水利工程操作指南（试行）》文件精神，对拟采用 PPP 模式政府与企业投资新建的重大水利工程项目，要将项目是否适用 PPP 模式的论证纳入项目可行性研究或项目申请报告论证和决策。对采用 PPP 模式已建成项目和在建项目，涉及新增投资建设的，应依法依规履行投资管理程序。要充分考虑项目的战略价值、功能定位、预期收益、可融资性以及管理要求，科学分析项目采用 PPP 模式的必要性和可行性。纳入 PPP 项目库及年度实施计划的水利 PPP 项目，

由实施机构组织编制PPP项目实施方案。实施方案可以单独编制，也可在项目可行性研究报告或项目申请报告中包含PPP项目实施专章。水利PPP项目实施方案编制完成后，可由项目所在地发展改革部门和同级水行政主管部门牵头，按照“多评合一、统一评审”的要求，会同项目涉及的同级财政、规划、国土、价格、国有资产管理、公共资源交易管理、审计、法制等政府相关部门，对PPP项目实施方案进行联合评审。项目可行性研究报告或项目申请报告中包含PPP项目实施专章的，可结合项目审批或核准一并审查。水利PPP项目实施机构依据批准的实施方案组织起草PPP项目合同草案。

（三）社会资本方选择

社会资本方的选择是PPP模式下水利基础设施项目投资和建设过程中的一个非常关键的环节，根据《政府和社会资本合作建设重大水利工程操作指南（试行)》文件精神，项目实施机构可依法采用公开招标、邀请招标、竞争性谈判等方式，综合考虑社会资本方、投资能力、管理经验、专业水平、融资实力以及信用状况等因素，公开公平公正择优选择合作伙伴。其中，拟由社会资本方自行承担工程项目勘察、设计、施工、监理以及与工程建设有关的重要设备、材料等采购的，按照《中华人民共和国招标投标法》规定，必须通过招标的方式选择社会资本方。

（四）项目执行

社会资本方确定之后，水利PPP项目就进入执行阶段，社会资本方与实施机构签署合同，组建项目公司开展项目的建设和运营。根据《政府和社会资本合作建设重大水利工程操作指南（试行)》文件精神，社会资本方与项目实施机构签署水利PPP项目合同后，按约定在规定期限内成立项目公司负责项目建设与运营管理。项目公司可由社会资本方单独出资组建，也可由政府授权单位（不包括项目实施机构）与社会资本方共同出资组建，作为水利PPP项目的直接实施主体。项目公司成立后，由项目实施机构与项目公司签署水利PPP项目合同，或签署关于承继此前PPP项目合同的补充合同。项目公司按照项目合同履行约定的义务和职责，依法开展项目建设、经营和管理活动，自主经营、自负盈亏；按约定和相关法律法规要求接受项目实施机构、政府相关部门的监管，定期报告项目进展情况。项目实施机构、相关政府部门根据水利PPP项目合同和有关规定对项目公司履行PPP项目建设与运行管理责任进行监管。

二、水利工程PPP应用的核心机制

水利工程PPP的核心机制主要包括PPP交易结构的确定（包括合作模式的

选择、回报机制的确定等)、风险管理、采购方式选择、监管和绩效考核、退出和移交机制等。

(一) 交易结构的确定

主要包括项目投融资结构、合作模式、合作期限、回报机制和相关配套安排等。根据《政府和社会资本合作建设重大水利工程操作指南(试行)》文件精神,水利 PPP 项目实施方式应根据各项目情况合理选择、灵活运用。对于新建项目,其中经济效益较好,能够通过使用者付费方式平衡建设经营成本并获取合理收益的经营性水利工程,一般采用特许经营合作方式。社会效益和生态效益显著,以向社会公众提供公共服务为主的公益性水利工程,可通过与经营性较强项目组合开发、授予与项目实施相关的资源开发收益权、按流域或区域统一规划实施等方式,提高项目综合盈利能力,吸引社会资本参与工程建设与管护。既有显著的社会效益和生态效益,又具有一定经济效益的准公益性水利工程,一般采用政府特许经营附加部分投资补助、运营补贴或直接投资参股的合作方式,也可按照模块化设计的思路,在保持项目完整性、连续性的前提下,将主体工程、配套工程等不同建设内容划分为单独的模块,根据各模块的主要功能和投资收益水平,相应采用适宜的合作方式。对已建成项目,可通过项目资产转让、改建、委托运营、股权合作等方式将项目资产所有权、股权、经营权、收费权等全部或部分转让给社会资本,规范有序盘活基础设施存量资产,提高项目运营管理效率和效益。对在建项目,也可积极探索引入社会资本负责项目投资、建设、运营和管理。对于合作期限低于 10 年的不纳入 PPP 项目库。

(二) 风险管理

按照风险分配优化、风险收益对等和风险可控等原则,综合考虑政府风险管理能力、项目回报机制和市场风险管理能力等要素,在政府和社会资本间合理分配项目风险。针对不同阶段的主要风险因素,明确防控措施,通过加强工程建设和运营管理、优化资本结构、多元融资、建立项目最低需求照付不议机制、投资包干机制、完工担保机制、保险和专业机构增信机制等方式,最大限度控制、缓释和降低风险,减少风险损失。

(三) 采购方式选择

项目采购应根据《中华人民共和国政府采购法》及相关规章制度执行,采购方式包括公开招标、竞争性谈判、邀请招标、竞争性磋商和单一来源采购。项目实施机构应根据项目采购需求特点,依法选择适当采购方式。公开招标主要适用于核心边界条件和技术经济参数明确、完整、符合国家法律法规和政府采购政策,且采购中不作更改的项目。

（四）监管和绩效考核

监管架构主要包括授权关系和监管方式。授权关系主要是政府对项目实施机构的授权，以及政府直接或通过项目实施机构对社会资本的授权。监管方式主要包括履约管理、行政监管和公众监督等。PPP 项目应贯彻绩效考核与付费挂钩，应根据 PPP 项目特点设计科学合理的绩效考核指标体系，定期对 PPP 项目开展绩效考核。

（五）退出和移交机制

主要针对 PPP 实施过程中社会资本方的退出以及项目到期后移交标的条件等进行明确和设计，应对退出的时间、退出的方式等进行明确，明确约定移交形式、补偿方式、移交内容和移交标准。

第三章　韩江高陂水利枢纽工程 PPP 项目准备

本章介绍韩江高陂水利枢纽项目的实施背景，论证项目建设的必要性和可行性，介绍项目发起与论证的过程，论证项目采取 PPP 模式的必要性与可行性，介绍本 PPP 项目的交易结构。

第一节　项目概况

一、项目实施背景

水生态环境安全是我国生态文明的基本保障。大型水利水电工程具有防洪抗旱、能源保障、航运、水资源调配等综合功能，是我国经济社会可持续发展的基础保障。水利水电工程既有环境生态效应，也有环境生态调控功能，有利于对水沙与水生态环境改善的大规模库群进行科学统一调度，充分发挥水库防洪、发电、航运、供水、保护生态环境等综合效益，是提升流域水安全保障能力的新需求。作为洪涝灾害频繁、水资源与能源资源短缺的国家，加快建设具有防洪、发电、供水、航运等综合效益的大型水利水电工程，是我国经济社会可持续发展的必然要求。

“十二五”期间及至 2020 年，是我国全面建设小康社会、加快推进社会主义现代化建设的关键时期，也是加快水利建设的重要时期。《全国水利发展“十二五”规划》指出，“十二五”时期，要针对水利发展中的突出问题和重点薄弱环节，紧密围绕全面建设小康社会和加快转变经济发展方式要求，把水利作为国家基础设施建设的优先领域，把农田水利建设作为农村基础设施建设的重点任务，把严格水资源管理作为加快转变经济发展方式的战略举措。《全国水利发展“十二五”规划》以流域为单元确定了流域发展格局与重点，指出东部地区要重点围绕优化开发、率先发展的要求加快现代水利工程体系和管理体系建设，改善和修复水环境，进一步提高水利建设标准、安全保障能力与生态环境保护水平，率先实现水利现代化。

“十三五”期间，着眼于“五位一体”总体布局和“四个全面”战略布局，紧紧围绕全面建成小康社会这一目标，党的十八届五中全会突出强调了水利工程建设，把水利作为推进五大发展的重要内容：水是生存之本、文明之源、生态之要，摆在八大基础设施网络建设的首要位置，对节水治水管水做出重要部署，纳入九大风险防范的关键领域。

韩江流域位于粤东、闽西南，范围包括广东、福建、江西三省共22个市县。干流总长470km，流域面积30 112km²，其中坝址以上集水面积26 590km²。韩江以梅江为主流。梅江发源于广东省紫金县境内的上嶂，由西南向东北流经广东省的五华、兴宁、梅县至大埔县的三河坝与汀江汇合。汀江发源于福建省宁化县南部武夷山脉的大悲山东麓，由北向南流经福建省的长汀、武平、上杭、永定等县，在广东省的大埔县三河坝与梅江汇合，汇合后称为韩江。韩江干流由北向南流经大埔、丰顺、潮安等县至潮州市进入韩江三角洲网河区，分东、西、北溪注入南海。

过去，韩江流域洪涝灾害一直是韩江两岸人民的心腹之患，严重制约了地区社会经济发展。在韩江干流建大型水利枢纽解决韩江流域防洪、供水问题，是群众翘首期盼了半个世纪的梦想。20世纪50年代，韩江高陂水利枢纽工程规划就已开始。进入新千年后，建设韩江高陂水利枢纽工程加速提上日程。2001年6月，水利部批复同意《韩江下游及三角洲河段综合整治开发规划纲要》。2014年国家试点第一批社会参与国家重大水利工程建设运营项目时，明确采用PPP模式建设韩江高陂水利枢纽工程项目，同时韩江高陂水利枢纽工程也列入了国务院确定的“十二五”“十三五”期间全国172项重大水利工程清单，也是2015年开工建设的27项重大水利项目之一。2022年8月，韩江高陂水利枢纽工程最后一台发电机组通过启动验收，标志着该水利枢纽主体工程全面完工，浸透几代人心血的水利枢纽工程已连接起韩江两岸，防洪、供水、发电、通航、保护生态等效益逐步显现，为确保韩江安澜、秀水长清提供了新的基础支撑。

二、工程概况

（一）工程开发任务

韩江高陂水利枢纽工程位于广东省大埔县境内，是韩江干流潮州供水枢纽上游又一座大型水利枢纽，是韩江下游及三角洲防洪、供水的控制性工程。坝址在大埔县高陂镇上游约5km处，距大埔县城、梅州市、潮州市的直线距离分别约为15km、50km、60km。工程任务以防洪、供水为主，兼顾发电和航运等综合利用。

防洪：本工程与永定（棉花滩）水库联合调洪，与下游堤防共同组成“堤库结合”的防洪体系。工程建成后，可将韩江下游及三角洲地区的韩江南北堤、汕头大围防洪标准由 50 年一遇提高至百年一遇，其他重点堤围防洪标准由 30 年一遇提高至 50 年一遇。保护面积 850km^2，保护人口 624.29 万人，保护耕地 190.62 万亩。

供水：本工程与永定（棉花滩）水库、潮州水利枢纽及河口五闸组成韩江下游及三角洲地区的供水体系，通过三库联合运行可有效提高韩江下游及三角洲地区的供水保证程度，基本满足韩江下游及三角洲设计水平 2020 年、远景 2030 年的用水需求。受益区涉及 747.48 万人，耕地 76.6 万亩。考虑棉花滩水库按照 2002 年设计调度图调节，2030 年水平水库多年平均向受水区增加供水量 0.08 亿立方米，$P=95\%$ 枯水年增加供水量 0.90 亿立方米。

发电与航运：利用经永定（棉花滩）调节后的韩江流量和闸坝抬高水位进行发电，电站装机容量 100MW，年平均多发电量 4.01×10^8kW·h。兴建船闸，与下游已建的东山水利枢纽、计划建设的葛布水利枢纽一起，渠化河道，改善航运条件。船闸通航最大船舶 500t 级，通航标准船只的尺寸为 42m×9.2m×1.8m（长×宽×吃水），船闸可通航的年货运量 900 万吨，其中下行 720 万吨。

韩江高陂水利枢纽与永定（棉花滩）水库、潮州水利枢纽联合运行，提高调节枯水径流能力，还可改善下游河道生态环境。

（二）工程规模

韩江流域面积 30 112km^2，水库坝址以上集水面积 26 590km^2，年均径流量 224×10^{10}m^3。水库正常蓄水位 38.0m，50 年一遇防洪高水位 44.67m，百年一遇防洪高水位 47.44m，百年一遇设计洪水位和千年一遇校核洪水位均为 47.44m。水库总库容 3.66×10^8m^3，调节库容 0.94×10^7m^3，防洪库容 2.67×10^8m^3。电站装机容量 100WM，年平均发电量 4.01×10^8kW·h。

（三）水库调度运行方式

供水和发电调度方式：117m^3/s＜坝址来水 $Q\leqslant$1 361.8m^3/s（机组满发流量），枢纽下泄水量应不小于 117m^3/s，多余来水量首先进行水库蓄水，当水库水位达到正常蓄水位 38m 时，按来多少放多少，满足韩江下游供水；1 361.8m^3/s＜坝址来水 $Q\leqslant$6 700m^3/s（机组停发流量），通过发电机组和闸门控制，来多少放多少。

分级控泄的防洪调度方式：6 700m^3/s（枢纽停发流量）＜坝址来水 Q＜12 930m^3/s（枢纽坝址 20 年一遇设计洪峰流量），闸门逐步全部开启，按来水量下泄。当坝址来水 Q＞12 930m^3/s 时，防洪调度如下：枢纽来水 Q 为 12 930～14 300m^3/s 时，控泄流量 11 800m^3/s；退水段控泄 12 500m^3/s；枢纽来

水 Q 为 14 300～16 100m³/s 时，控泄流量 12 500m³/s；退水段控泄 13 600m³/s；枢纽来水 Q 为 16 100～16 800m³/s 时，控泄流量 13 600m³/s；退水段控泄 14 200m³/s，最高洪水位为 47.44m。

枢纽坝址来水量若大于 16 800m³/s，则枢纽按不大于天然最大洪峰流量下泄，以确保枢纽运行安全。

（四）主要建筑物

根据本枢纽的功能要求，主要建筑物包括泄水闸（含排漂孔）、电站厂房、船闸、鱼道及连接重力坝五部分。枢纽工程总体布置为泄水闸布置在河床中央，厂房布置在滩地较宽阔的右岸，船闸布置在左岸河道深泓位置，鱼道布置在泄水闸与发电厂房之间，两岸采用碾压混凝土重力坝连接。坝顶总长度 698.5m。

第二节　项目建设必要性和可行性

一、项目建设的必要性

（1）项目实施是贯彻流域规划和广东省“十二五”规划建设任务。项目所在流域历次规划的主要结论及审批意见均为由永定（棉花滩）水库、高陂水利枢纽（即原隍、京山、高陂水库）和堤防构成韩江下游及三角洲的防洪工程体系，由永定（棉花滩）水库、高陂水利枢纽（即原隍、京山、高陂水库）、潮州水利枢纽、河口五闸组成韩江下游及三角洲的供水体系。

韩江高陂水利枢纽是经水利部（水总〔2001〕414 号）批复的，《韩江下游及三角洲河段综合整治开发规划纲要》（见附件四）确定的韩江下游及三角洲河段防洪、供水两大体系中的控制性水利枢纽工程；《国务院办公厅转发水利部关于加强珠江流域近期防洪建设若干意见的通知》（国办发〔2002〕46 号）、《国务院关于支持赣南等原中央苏区振兴发展的若干意见》（国发〔2012〕21 号）均要求抓紧开展韩江高陂水利枢纽的前期工作，并按照基本建设程序办理，为开工建设创造条件；《国务院关于赣闽粤原中央苏区振兴发展规划的批复》（国函〔2014〕32 号）将《赣闽粤原中央苏区振兴发展规划》中的韩江高陂水利枢纽列入基础设施建设中的水利重点建设项目。

在广东省水利发展“十二五”规划中，认为“韩江中下游及三角洲通过建设高陂水利枢纽与支流汀江上已建棉花滩水库及堤防工程可形成堤库结合的防洪工程体系”，指出“高陂水利枢纽是韩江干流下游及三角洲防洪体系的关键性工程，同时又是韩江下游及三角洲供水体系的重要组成部分，工程任务以防洪、供水为主，兼顾灌溉、发电、航运”。

（2）建成韩江下游及三角洲“堤库结合”防洪体系，以保障防洪安全的要求。

①“堤库结合”防洪体系的要求。依据防洪体系的总体布局，经过韩江高陂水利枢纽、永定（棉花滩）水库的联合调度及下游堤防的设防，使韩江南北堤、汕头大围的防洪能力达到100年一遇，使上蓬围、一八围、苏溪围、苏北围的防洪能力达到50年一遇。随着广东省大规模的城乡水利防灾减灾建设，现有堤围的实际防洪能力大大提高。依据防洪标准、历次规划确定的“堤库结合”防洪体系、堤围现状基本情况，经技术经济比较，确定枢纽承担的防洪任务是：与永定（棉花滩）水库联合调度，将韩江下游及三角洲防洪控制站潮安站100年一遇洪水降为50年一遇洪水；将潮安站50年一遇洪水降为30年一遇洪水。

②保障防洪安全的要求。枢纽防洪保护范围主要是韩江下游及三角洲地区的主要堤围，保护范围约850km^2，保护人口624.29万人，耕地190.62万亩。保护范围是粤东地区经济发达区域，防洪重要性十分突出，主要表现在：一是下游堤围堤线长达406.42km，其中按防洪标准需要加固的堤长达189.63km，仅靠堤围防洪存在的隐患多，管理难度大，“堤库结合”的防洪体系，下游防洪更安全更可靠，风险更小。二是潮汕平原人多地少，单靠堤围加固征地拆迁困难，实施难度大，可操作性差。三是枢纽防洪投资471 800万元，低于堤围加固复核后的投资563 000万元，但其实施的风险小，可控性高。

无论从防洪体系与供水体系、征地难度导致的可操作性，还是防洪安全与可靠性等角度分析，均要求依据规划建设韩江高陂水利枢纽，实现枢纽的开发任务，为潮汕平原社会经济的可持续发展打下坚实的基础。

（3）建成韩江下游及三角洲供水体系，满足流域内外需水要求。韩江高陂水利枢纽的供水任务是：与永定（棉花滩）水库、潮州水利枢纽及河口五闸组成韩江下游及三角洲地区的供水体系，三库联合运行，提高调节枯水径流能力，在满足防洪需求、移民可承受的条件下，尽可能满足韩江下游及三角洲设计水平年2030年的需水要求。

韩江流域水量丰富，但分配不均。现韩江下游蓄水工程设计供水能力仅占设计水平年2030年总设计供水能力的13%～14%，对韩江干流的径流调节作用甚小，主要供水工程为引、提水工程。由于径流调蓄能力不够，常有旱情发生。

2002年5月，针对粤东沿海的旱情，国家防汛抗旱总指挥部派出的工作组到达广东，对旱情最严重的汕头、潮州、揭阳等地区进行抗旱指导。2009年秋冬至2010年初，粤东沿海地区出现了较为严重的干旱现象。汕头市南澳县（海岛）县城实行7天供水一次的供水计划持续173天；汕头市潮阳、潮南一些群众出现用水困难，部分农田因缺水干枯、减产。揭阳市揭东县由于现有水源供水能力不足，县城水厂对揭东六镇实行了限量分片轮流供水。潮州市饶平县受旱严重，大型水库汤溪水库蓄水量相对同期减少 $1.58\times10^8m^3$，全县种植农作物 30 万亩多，有 17 万亩多受旱，占全县一半以上；缺水最严重地区为饶平沿海地区，山塘水库大多干涸，人畜饮水出现困难。

韩江下游及三角洲社会经济迅速发展需水量不断增加，周边地区练江、榕江由于水质污染，水质性缺水日趋严重；跨流域引水量不断增加，供水范围不断扩大。依据《韩江水量分配方案》预测，韩江高陂水利枢纽下游及三角洲地区 2030 年需水量为 $2.252\times10^9m^3$（$P=90\%$），供需矛盾日益突出。

韩江高陂水利枢纽是广东省韩江干流上唯一有条件建设的枢纽，承担着下游及三角洲流域内外的供水调蓄任务，在枢纽正常蓄水位 38m 的情况下，可有效提高下游三角洲地区的供水保证率，对缓解该地区枯水年及枯水期水资源供需矛盾具有重要作用。

（4）广东率先实现水利现代化、人水和谐，改善生态环境的要求。《国务院办公厅转发水利部关于加强珠江流域近期防洪建设若干意见的通知》（国办发〔2002〕46 号）、《国务院关于支持赣南等原中央苏区振兴发展的若干意见》（国发〔2012〕21 号）均要求抓紧开展韩江高陂水利枢纽的前期工作，并按照基本建设程序办理，为开工建设创造条件。韩江高陂水利枢纽是《广东省水利发展"十二五"规划》中确定的重点工程。广东要率先实现水利现代化、人水和谐，改善韩江下游及三角洲生态环境就必须尽快建设韩江高陂水利枢纽，为该地区经济的可持续发展打下坚实的水利保障基础。

（5）项目实施是充分利用水力资源、促进地区经济发展的需要。韩江高陂水利枢纽工程的建设能充分利用韩江的水力资源，一定程度上缓解粤东电网供电紧张的局面，满足经济发展对电力电量的需要。除上述在防洪、供水、供电方面发挥积极作用外，还可改善韩江河段的航运、灌溉等，有利于韩江下游及三角洲地区的社会经济发展。

综上，建设韩江高陂水利枢纽工程是非常必要的。

二、项目建设的可行性

（一）政策可行性

为拓宽融资渠道，2014 年 11 月，国务院下发了《国务院关于创新重点领域投融资机制鼓励社会投资的指导意见》（国发〔2014〕60 号），国家发展改革委会同财政部、水利部于 2015 年 3 月下发了《关于鼓励和引导社会资本参与重大水利工程建设运营的实施意见》（发改农经〔2015〕488 号），2015 年 5 月下发了《关于开展社会资本参与重大水利工程建设运营第一批试点工作的通知》（发改办农经〔2015〕1274 号）。广东韩江高陂水利枢纽被列为国家层面（PPP）投融资模式改革第一批试点项目。

韩江高陂水利枢纽工程估算静态总投资约 609 190. 89 万元，是广东省水利“十二五”规划中的重点工程，也是列入省与水利部《合作备忘录》中的重要水资源配置工程，同时被列入了《国务院关于支持赣南等原中央苏区振兴发展的若干意见》（国发〔2012〕21 号）水利基础设施建设工程，对合理利用韩江水力资源，提高韩江中下游抗洪防灾能力，向粤东地区提供清洁电力，改善韩江干流的航运条件，促进粤东地区社会经济可持续发展具有重要作用。自 2012 年 5 月省政府召开会议研究加快推进韩江高陂水利枢纽工程前期工作以来，省水利厅会同发展改革委、财政厅、国土资源厅、梅州市政府及大埔县政府等有关单位，采取有力措施，为全面推进工程筹建做了大量扎实有效的基础性工作，努力把该工程建设成为造福韩江流域百姓的优质工程、民心工程和廉政工程。

（二）技术可行性

工程选址科学，坝址地质条件良好，建设风险较小。高陂水利枢纽坝址地质构造比较简单，基岩风化层较浅，项目技术难度和实施风险较小。坝址地形开阔，便于施工部署，施工干扰相对较少。高陂水利枢纽是广东省当前投资规模最大的水利项目，建设工期长，工程河床式枢纽的整体式布置和分期导流施工方案决定了项目公益性设施（包括挡水闸坝、船闸、鱼道工程，以下统称防洪供水工程）和经营性设施（水电站工程）的施工具有一定的不可分性，工程对施工现场一体化管理有较高的要求。

（三）经济可行性

高陂水利枢纽工程的功能定位、国民经济和财务分析表明，该工程是一个公益性明显、经济上可行、财务效益差的准公益性项目，具有强大的正外部效应。高陂水利枢纽是以防洪、供水为主，兼顾发电、航运等的综合利用水利工程。根据韩江流域防洪、供水体系的总体布局，高陂水利枢纽工程是韩江下游及三角洲防洪、供水的关键性控制工程。通过高陂水利枢纽、棉花滩水库的联合调度，结合下游堤防的防洪，可使韩江南北堤、汕头大围的防洪能力达到 100 年一遇，上蓬围、一八围、苏溪围、苏北围的防洪能力达到 50 年一遇，可使韩江下游的供水保证率从 93% 提高到 97%。工程的国民经济指标较好，经济内部收益率为 10. 48%，大于国家规定的社会折现率，经济净现值大于零，具有较好的国民经济效益，经济上是可行的；工程整体财务效益差，枢纽的防洪和供水没有财务收入，船闸也仅是补偿性通航建筑物，没有明显的经济收入，整个枢纽仅有电站的发电收入，税后全部投资财务内部收益率为 -3.76%，投资利税率0.04%。

第三节　项目发起与论证

一、项目前期准备阶段

在 PPP 模式中，项目前期准备阶段包括项目发起和项目准备两个部分。

（一）项目发起

项目发起阶段的主要工作内容包括启动准备和前期调研：组建项目实施班子、制订整体工作计划、开展项目调查等。

PPP 项目可以由政府发起，也可以由社会资本方发起。从我国 PPP 项目现实实践来看，PPP 项目的发起方主要以政府为主。

实施 PPP 模式是一个系统工程，其复杂、专业程度极高。为确保 PPP 项目的顺利落地，项目发起阶段主要需要做好以下三方面的事情：一是组建一个 PPP 项目实施团队，由市政府牵头，规划、建设、土地、发改、财政、审计、国资委、法制办等部门组成领导小组；二是制定具体工作实施方案，明确部门责任分工、目标任务和实施工作计划安排等；三是根据城市总体规划和近期建设规划，由政府组织相关部门或机构梳理城市基础设施领域拟新建项目和存量项目，决定可以通过 PPP 模式运作的具体项目清单，构建 PPP 项目库。

中央政府是重大水利基础设施项目建设 PPP 模式的引导者，在法律上既不拥有项目，也不经营项目。对中央政府而言，要利用公共财政收入服务于公益性事业，将中央财政性资金投向关系国计民生的公益性部门和基础设施薄弱环节。中央政府通过投入一定的财政补助资金可以带动项目所在地地方政府投入水利工程的积极性，同时也提高了水利工程 PPP 项目的社会资本吸引力。韩江下游三角洲是我国经济较发达的地区，对防洪和供水体系的基础设施建设需求极其迫切。为推动韩江高陂水利枢纽工程的建设，中央政府投入补助资金 319 776 万元，降低了社会资本融资规模，提高了 PPP 融资的吸引力。

广东省政府是高陂水利枢纽项目建设 PPP 模式的发起人。利用省级财政资金引导社会资本参与高陂水利枢纽建设，对引进的项目公司实行特许经营，其好处是可以有效减轻财政支出压力，在特许经营期满后，韩江高陂水利枢纽的基础设施所有权归广东省指定的梅州市政府所有，帮助梅州市政府后续增加国有资产，同时利用该资产服务于韩江三角洲公益性事业，也可从其他渠道增加省政府财政税收。

根据《国务院办公厅转发水利部关于加强珠江流域近期防洪建设若干意见》（国办发〔2002〕46 号）、《国务院关于支持赣南等原中央苏区振兴发展的若干意见》（国发〔2012〕21 号）、《国务院关于赣闽粤原中央苏区振兴发展规划的批复》（国函〔2014〕32 号）、水利部批复的《韩江下游及三角洲河段综合整治开发规划纲要》，高陂水利枢纽工程列入基础设施建设中的水利重点建设项目。2013 年 11 月 21 日，国家发展改革委批复《广东省韩江高陂水利枢纽工程项目建议书》（发改农经〔2013〕2323 号）；2015 年 7 月 31 日，国家发展改革委批复《广东省韩江高陂水利枢纽工程可行性研究报告》（发改农经〔2015〕1784 号），“原则同意由梅州市负责组建项目法人”。广东省政府批复梅州市政府设立梅州市大埔韩江高陂水利枢纽工程建设管理处（以下简称“高陂建设管理处”）作为本工程的项目法人。

（二）项目准备

项目准备阶段主要工作包括：一是聘请顾问团队；二是签订项目协议；三是开展项目的前期论证，确定项目范围和实施内容（项目建设规模、主要内容和总投资）；四是前期沟通，研究项目模式，设计项目结构，编制项目实施方案；五是设计项目主要商业原则；六是财务分析，编制财务模型；七是确定投资人比选方式和原则（确定投资人应具备的条件和能力及招标方式，双方的主要权利和义务）；八是组织相关单位讨论方案；九是实施方案公示和报批。

在项目实施的最初阶段，需要考虑项目的可融资方式和财政支付能力，并要评估传统方式与 PPP 方式之间的效率比较，分析该项目是否适合采用 PPP 方式，拟定项目协议。

聘请专业咨询机构负责研究项目模式，设计项目结构，编制项目实施方案。关键是设计项目主要商业原则，进行财务分析，编制财务模型。为保证工作有效进行，咨询公司在尽职调查的基础上编制可操作的实施方案，方案包括：项目背景、项目实施的原则、实施主体、项目实施的基本条件（包括技术路线、服务质量和标准、规划条件、土地落实情况和政府配套设施等）、投资人选择方式、财务测算结果、风险分析、实施进度计划和组织、《特许经营协议》的主要原则（包括项目结构和协议关系、特许期和特许范围、运营期补贴、特许期结束资产处置、双方的权利义务）等。

2015 年 4 月，广东省水利厅会同广东省发改委、广东省财政厅和梅州市人民政府委托江河水利水电咨询中心、广东省水利电力勘测设计研究院编制完成《广东省韩江高陂水利枢纽工程引进社会资本参与建设运营试点实施方案》。经多次召开会议讨论并完善该方案，报请广东省政府同意后于 2015 年 7 月 15 日上报国家发改委。2015 年 8 月 20 日，广东省政府在广州珠岛宾馆对广东省相关 PPP 项目进行推介，本工程被列入推介项目。2015 年 9 月，广东省财政厅通过了北京大岳咨询有限责任公司对高陂水利枢纽编制的《财政可承受能力论证和物有所值分析报告》审查。2015 年 9 月 12 日，广东省第十二届 56 次政府常务会议原则通过 PPP 实施方案。2015 年 9 月 30 日，梅州市人民政府印发 PPP 实施方案（梅市府函〔2015〕186 号）。

二、项目招投标阶段

项目招投标阶段包括协议编制、竞争性程序、签署协议三个部分。

（1）协议编制。细化研究协议文件编制：研究和分析项目的技术、商务边界条件（如投资、运营成本与收益测算，回购总价、回购期与方式，回购资金来源安排和支付计划）；落实建设内容分工、投资范围（投资建设期、工程质量要求和监管措施）；研究和编制项目协议等法律文件（项目移交方式及程序、项目履约保障措施、项目风险和应对措施等），落实招标条件。

（2）竞争性程序。主要包括：发布项目信息，投标人准备投标文件；制定评标标准、评标细则和评标程序；成立评标工作组，开标、组织评标；编写评标报告；推荐候选人；与候选人澄清谈判。

（3）签署协议。先草签项目协议，中标人在约定时间内办理好项目公司成立的有关事宜，资金到位，政府配合完成资产交割及项目审批有关事宜，正式与项目公司签约。

2015 年 10 月 20 日，在广州公共资源交易中心发布公开招标公告，11 月 3 日完成了投标人资格预审。11 月 27 日，在广州公共资源交易中心开标，一次性成功完成招标任务。通过公开招标成功引进广东水电二局股份有限公司（简称“粤水电”，是广东建工集团控股有限公司控股的上市公司）作为社会资本方参与建设运营。

三、项目实施阶段

实施阶段包括项目建设和项目运营两个部分。

（一）项目建设

首先，项目公司与各联合单位签订正式合同，包括贷款合同、设计合同、建设合同、保险合同以及其他咨询、管理合同等。其次，项目公司组织各相关单位进行项目开发。在开发过程中，政府及相关部门对项目开发的过程进行监督，出现不符合合同的情况及时与项目公司沟通，并确定责任主体。工程验收试运营合格以后，开发阶段结束，项目进入运营阶段。

经梅州市人民政府授权，2015 年 12 月 21 日，高陂建设管理处与中标单位广东水电二局股份有限公司签订了《广东省韩江高陂水利枢纽工程 PPP 项目特许经营框架协议》。2016 年 12 月 9 日，高陂建设管理处与广东水电二局股份有限公司为本项目的建设运营而成立的项目公司—广东粤水电韩江水利开发有限公司正式签订了《广东省韩江高陂水利枢纽工程 PPP 项目特许经营协议》。工程于 2015 年 10 月 13 日在时任水利部部长陈雷、省长朱小丹等领导的见证下举行开工动员仪式。2015 年 11 月 28 日，主体工程进入实质性实施阶段。2022 年 8 月 18 日，韩江高陂水利枢纽工程最后一台发电机组通过启动验收，标志着该水利枢纽主体工程全面完工。

（二）项目运营

政府与项目公司签订特许经营协议，约定特许经营期限。在整个项目运营期间，项目公司应按照协议要求对项目设施进行运营和维护。为了确保项目的运营和维护按协定进行，政府、贷款人、投资者和社会居民都拥有对项目监督的权利。2022 年 8 月 18 日，韩江高陂水利枢纽工程全面完工之后，进入试运营阶段。

表 3－1 韩江高陂水利枢纽工程 PPP 项目具体实施程序及工作计划

工作阶段及内容	完成时间	负责人
①实施方案修订后获批准	2015 年 9 月	市政府
②成立招标工作领导小组	2015 年 9 月	市政府
③编制招标文件	2015 年 9 月	市政府、咨询机构
④招标方案审核	2015 年 9 月	省财政厅
⑤开标、评标	2015 年 10—11 月	市政府咨询机构
⑥签订《广东省韩江高陂水利枢纽工程 PPP 项目特许经营框架协议》	2015 年 12 月	市政府、中标社会资金投资人
⑦成立项目公司	2015 年 12 月	中标社会资金投资人
⑧签订《广东省韩江高陂水利枢纽工程 PPP 项目特许经营协议》	2016 年 12 月	市政府、中标社会资金投资人

（三）合同终结

转移中止是项目运作的最后一个阶段，包括项目移交和项目公司解散等内容。

（1）项目移交。特许经营期满后，项目公司将项目的经营权（或同时包括所有权与经营权）移交政府。在移交时，政府应注意项目是否处于良好运营和维护状态，以保证项目的后续运营和所提供的服务质量。

（2）项目公司清算。项目移交以后，项目公司的业务随之中止。因此，项目公司应按合同要求及有关规定到有关部门办理注销等相关手续。

表 3－2　广东梅州高陂水利枢纽工程溯源及工程建设主要节点

时间节点	工作内容
1959 年	《韩江流域规划报告》提出，在韩江干流中游兴建水库，解决下游防洪问题
2001 年	水利部批复同意《韩江下游及三角洲河段综合整治开发规划纲要》
2013 年 11 月	国家发改委批复工程项目建议书
2015 年 7 月	国家发改委批复同意工程可行性研究报告《国家发展改革委关于广东省高陂水利枢纽工程可行性研究报告的批复》（发改农经〔2015〕1784 号）
2015 年 10 月	水利部审查通过工程初步设计报告
2015 年 10 月 13 日	工程进行开工动员
2015 年 11 月 28 日	工程建设正式拉开序幕
2016 年 9 月 16 日	主体工程正式开工建设
2016 年 12 月 9 日	一期一段围堰顺利合龙
2017 年 4 月 17 日	一期一段围堰填筑达到设计高程，主体工程开始浇筑混凝土
2017 年 5 月	工程导（截）流阶段，移民安置完成自检、初检
2017 年 8 月	临时交通桥建成通车
2017 年 10 月	一期二段围堰合龙，工程导（截）流阶段移民安置通过终检
2017 年 11 月	一期二段围堰闭气，开始基坑土石方开挖。施工用电线路、拌和系统及钢筋加工场等施工辅助设施建设、左右岸生产生活营地建设等 2017 年基本完工
2018 年 4 月	一期二段围堰达到设计高程，并基本完成防护工作
2018 年 9 月	一期工程水下部分顺利通过验收
2018 年 10 月	二期导流阶段验收顺利通过，船闸具备施工期通航条件

续上表

时间节点	工作内容
2018 年 11 月	工程建设转入二期工程建设阶段
2019 年 1 月	工程电站厂房开始浇筑混凝土
2019 年 3 月	二期一段围堰达到设计高程
2019 年 11 月	二期二段泄水闸首仓混凝土开始浇筑，工程建设进入冲刺阶段
2020 年 4 月	二期二段围堰达到设计高程，厂房进尾水闸门下闸，具备挡水度汛条件
2020 年 10 月 23 日	工程完成下闸蓄水阶段移民安置自验和初验
2020 年 10 月 27 日	大坝实现左右岸贯通
2020 年 11 月 20 日	坝顶全线通车
2020 年 11 月 30 日	库底清理完成验收
2020 年 12 月	完成工程蓄水安全鉴定，二期工程水下项目验收、移民安置终验、环保专项验收、蓄水阶段验收等工作和程序
2021 年 1 月 13 日	工程正式下闸蓄水，工程初步具备防洪功能
2021 年 6 月 10 日	首台机组并网成功
2021 年 7 月 14 日	通过启动验收
2022 年 7 月 17 日	最后一台发电机组顺利并网发电
2022 年 8 月 18 日	最后一台发电机组通过启动验收，主体工程全面完工

第四节　项目采取 PPP 模式的必要性与可行性

一、项目采取 PPP 模式的必要性

PPP 模式是基础设施和公共服务供给机制的重大创新，即政府采取竞争性方式择优选择具有投资、运营管理能力的社会资本，双方按照平等协商原则订立合同，明确责权利关系，由社会资本提供公共服务，政府依据公共服务绩效评价结果向社会资本支付相应费用，保证社会资本获得合理收益。

（一）有利于转变政府职能

2015年3月，国家发展改革委、财政部和水利部联合印发《关于鼓励和引导社会资本参与重大水利工程建设运营的实施意见》（发改农经〔2015〕488号），对重大水利枢纽工程实施政府和社会资本合作提出了具体要求和指导。该实施意见明确，对具备一定条件的重大水利工程新建项目，要建立健全政府和社会资本合作（PPP）机制，鼓励社会资本以特许经营、参股控股等多种形式参与重大水利工程建设运营。2017年12月，国家发展改革委、水利部印发《政府和社会资本合作建设重大水利工程操作指南（试行）》（发改农经〔2017〕2119号），进一步规范了重大水利工程PPP模式操作程序和要求，对于促进重大水利工程领域应用PPP模式具有显著的指导作用。

长期以来，水利工程由于公益性较强，主要靠政府投资建设运营。政府是水利公共产品或公共服务的投入主体，政府财政投入是水利建设资金的主要来源。虽然这种投资模式对于促进重点地区重点工程建设发挥了重要作用，但是随着经济社会发展，政府财政支出领域扩大和支出规模增加，财政直接投入压力日益增大。2014年以来，以国务院部署的172项重大水利工程为标志，水利工程领域迎来了新一轮机遇期，为有序推进水利基础设施项目投资建设，解决好投资瓶颈问题，根据项目的性质采取了不同的投融资模式和建管体制，切实保障水利工程投资需求，充分发挥投资效益。PPP模式不仅能够有效解决重大水利建设项目的投资问题，而且兼顾项目投资、建设和运营各个方面，有利于水利工程投资建设和运营模式探索的突破和创新。就本项目而言，为推动韩江高陂水利枢纽工程顺利实施，根据《关于开展社会资本参与重大水利工程建设运营第一批试点工作的通知》（发改办农经〔2015〕1274号），国家发展改革委、水利部将韩江高陂水利枢纽工程列入国家层面联系的社会资本参与重大水利工程建设运营第一批试点项目。在国家有关PPP项目政策的支持和指引下，按照《关于鼓励和引导社会资本参与重大水利工程建设运营的实施意见》要求，积极稳妥推进韩江高陂水利枢纽等一批PPP试点项目在投资建设和运营模式方面积极探索突破和创新，是解决工程建设资金筹措、按期建设投产的现实需要，更是我国重大水利工程创新建设运营机制的示范之举。

从政府职能变革看，加快转变政府职能，提高项目运营及管理效率，需要采用PPP模式。PPP模式可以促进政府职能转变，提高政府治理能力。对于政府而言，从过去的水利基础设施和公共服务提供者转变为基础设施项目建设运营的监管者，减少对微观事务的干预，将工作重点放在监管、绩效考核等方面，既能保证公共服务质量，又能提高公共服务效率。本项目将建设、运营维护及管理统一打包，通过充分竞争的方式引入社会资本参与，有利于引导社会资本从项目全生命周期的角度，统筹考虑建设和运营管理工作，利用社会资本先进的技术和管理经验，提高水利枢纽工程的建设、运营维护的效率与质量。一方面可以减少政府的建设运营管理风险，另一方面政府相关职能部门也可以从繁杂的具体事务中抽离出来，确保将有限的人力和物力投入到对项目建设和运营的监管中，提升监管能力，确保项目公司的建设运营管理质量满足相应的规范标准要求，保护社会公共利益。

（二）有利于推动相关领域改革

PPP 模式涉及融资、建设、运营、管理等多个环节，社会资本深度参与必将倒逼我国的投融资体制、审批制度等环节加快变革，进一步营造出权利平等、机会平等、规则平等的投资环境。实施 PPP 项目要求重新审视和配置政策制定者、监管者和服务供应商的职能，动员社会资本和提升效率，重新分配部门职能，以消除潜在矛盾，并考虑允许私营实体参与特定行业项目，推动改革取得实质性进展。

韩江高陂水利枢纽是顺应国家创新重点领域投融资机制而鼓励社会资本投入的重大水利工程。《国务院关于创新重点领域投融资机制鼓励社会投资的指导意见》（国发〔2014〕60 号）提出，鼓励社会资本以特许经营、参股控股等多种形式参与具有一定收益的节水供水重大水利工程建设运营。社会资本愿意投入的重大水利工程，要积极鼓励社会资本投资建设。为进一步激发社会投资活力，改革创新投融资体制，中共中央和国务院发布《关于深化投融资体制改革的意见》（中发〔2016〕18 号），提出鼓励政府和社会资本合作，通过特许经营、政府购买服务等方式扩大公共产品和服务供给。财政部、国家发展改革委、水利部等按照党中央、国务院部署，先后出台政府和社会资本合作一系列相关政策文件，包括《关于鼓励和引导社会资本参与重大水利工程建设运营的实施意见》（发改农经〔2015〕488 号）、《关于开展社会资本参与重大水利工程建设运营第一批试点工作的通知》（发改办农经〔2015〕1274 号）、《政府和社会资本合作建设重大水利工程操作指南（试行）》（发改农经〔2017〕2119 号）、《关于推进水利基础设施政府和社会资本合作（PPP）模式发展的指导意见》（水规计〔2022〕239 号），大力推动政府和社会资本合作模式，逐步细化和规范了 PPP 项目的运作和实施。PPP 已由一种融资模式上升成为国家基础设施和公共服务领域推进项目实施的主要方式。

韩江高陂水利枢纽工程 PPP 项目的建设适逢国家创新重点领域投融资机制、大力推动 PPP 发展的历史机遇，采用政府和社会资本合作投资建设运营，是顺应国家创新重点领域投融资机制的重要举措，是推动地方重点项目实施的有效途径之一。

（三）有利于平滑财政支出，提高公共财政使用效率

水利枢纽建设工程项目前期资本投入大，在政府和社会资本合作模式下，公共财政主要发挥撬动、引领社会投资的杠杆作用，在公共财政短缺的情况下对于增加基础设施和公共服务的供给具有重要意义。由于捆绑了建设和运营，政府以运营补贴等作为社会资本提供公共服务的对价，以绩效评价结果作为对价支付依据，使得社会资本能够发挥最大的能动性，通过创新、自我施压等避免项目成本超支。在风险管理上的合理分配和良好的合作机制也使项目失败的概率大大降低。运营补贴等支出纳入预算管理、财政中期规划和政府财务报告，能够在当代人和后代人之间公平地分担公共资金投入，可将短期建设支出转化为合作期内的分期支付费用，符合代际公平原则，有效弥补当期财政投入不足，有利于减轻当期财政支出压力，平滑年度间财政支出波动，加快市政基础设施和公共事业的建设与完善的进度。

（四）有利于防范政府债务风险

通过引入社会资本，政府前期不必大量投入财政资金用于建设，有利于减轻当期财政支出压力，平滑年度间财政支出波动，直接缓解政府当期的资金压力。同时可以将之前通过融资平台形成的借贷期限较短和融资成本较高的债务转化为期限更长的政府应付账款或转为项目股权，有利于逐步化解政府债务风险。本项目实施 PPP 模式，避免了政府为项目融资担负巨额债务。

本项目具有投资规模大、影响范围广、公益性较强的特点。按照传统的政府投资项目模式，项目投资采用“政府资本金 + 银行贷款”模式，资本金由中央财政投资和地方财政投资解决。如果采用 PPP 模式实施，能够大大减少政府财政投入的资本金，可以减少政府在项目前期的资金投入，减轻财政压力；而且通过社会资本负责项目融资，转移了政府项目融资的风险。同时，引入社会资本，通过设计合理的 PPP 项目风险分担机制和监管机制，可改变在传统模式（政府资本金 + 银行贷款）下工程投资超概风险由政府完全兜底的不利局面，将工程投资超概风险全部或部分向社会资本转移，减少政府承担的潜在风险。

（五）有利于保障项目运营管理和公共服务质量

本项目采用 PPP 模式，通过引进经验丰富的建设、管理机构，将项目投融资、建设、运营服务以及养护维修等各环节进行整合，综合考虑成本费用和效益，激励项目公司在全生命周期内统筹考虑成本最小化，有利于降低公共服务的成本，提高公共服务的质量；在建设运营过程中采用先进管理理念，有利于提高资产利用效率，实现物有所值和公共利益最大化。

传统的大型准公益性水利工程建设管理模式一般为建管一体模式，即建设期

项目法人在运营期成为工程运行管理单位，这种模式下虽然有利于工程建设与管理的平稳过渡，但是也存在着投资控制约束不力、运营期政策性亏损与经营性亏损界定不清、运营管理水平不高等问题。韩江高陂水利工程采用公开招标的竞争方式优选社会资本以 PPP 模式实施，有利于调动和发挥社会资本的专业技术优势，吸收先进运营管理经验，促进水利工程建设和运营管理水平提高、科学技术进步和服务理念完善。

（六）有利于实现合作双方互利共赢

合理的 PPP 模式可以平衡政府和社会资本双方的权责利，在风险分配上遵循"最优承担"原则，即将风险分配给最有能力承担的一方。同时，全生命周期特点使得合同具有较大的灵活空间，风险共担、收益共享的机制既能提升政府在基础设施和公共服务方面的有效供给，也能最大限度满足社会资本的利益诉求。

二、项目采取 PPP 模式的可行性

（一）符合国家有关 PPP 政策要求

除了早先实施的《政府采购法》、住建部第 126 号令《市政公用事业特许经营管理办法》等法规政策，2014 年以来，财政部和发改委集中发布了一系列规范性文件和操作指引，包括但不限于《关于推广运用政府和社会资本合作模式有关问题通知》（财经〔2014〕76 号）、《关于印发政府和社会资本合作模式操作指南（试行）的通知》（财经〔2014〕113 号）、《关于开展政府和社会资本合作的指导意见》（发改投资〔2014〕2724 号）、《政府采购竞争性磋商采购方式管理暂行办法》（财库〔2014〕214 号）、《政府和社会资本合作项目政府采购管理办法》（财库〔2014〕215 号）、《PPP 项目合同指南（试行）》（财金〔2014〕156 号）、《中华人民共和国政府采购法实施条例》《关于鼓励和引导社会资本参与重大水利工程建设运营的实施意见》（发改农经〔2015〕488 号）等。按照政策要求，采用规范科学合理的方式实施本项目，可以为当地提供优质可靠便捷的水利基础设施服务。

（二）属于国家重点推进的 PPP 重点项目领域

根据财政部《政府和社会资本合作模式操作指南（试行）》（财金〔2014〕113 号），投资规模较大、需求长期稳定、价格调整机制灵活、市场化程度较高的基础设施及公共服务类项目，适宜采用政府和社会资本合作（PPP）模式；国家发展改革委《关于开展政府和社会资本合作的指导意见》（发改投资〔2014〕2724 号）明确 PPP 模式主要适用于政府负有提供责任又适宜市场化运作的公共服务、基础设施类项目。国家发展改革委《关于切实做好传统基础设施领域政府

和社会资本合作有关工作的通知》（发改投资〔2016〕1744号）提到，传统基础设施领域推广PPP模式重点项目包括能源、交通、水利、环保、农业、林业、市政七大领域。

本项目属于国家力推的引进社会资本的重点领域范畴，且项目投资规模大、设计功能多、服务区域广，在地方政府债务水平严格控制的情况下，以PPP模式引进社会资本进行投资、建设、运营，契合了“利益共享、风险共担”的PPP模式主旨。通过本PPP项目的实施，引入具有先进技术优势和丰富运营管理经验的社会资本参与项目投资、建设、运营，充分发挥其管理效率高和技术创新能力强的优势，可以节约项目建设运营成本，提高公共服务的效率与质量，提升韩江高陂水利枢纽工程的运营服务水平。本项目设计多年平均发电量为4.01亿kW·h，为当地发展提供清洁可靠的电力，有长期的市场需求，并且有较为稳定可靠的运营收入，具备吸引社会资本参与项目的基本条件。

本项目采用PPP模式，在社会资本追求投资回报的前提下，通过绩效考核机制和风险分担机制，有效敦促社会资本进行项目全生命周期成本控制和提高运营管理水平。同时，采用PPP模式引入社会资本能有效缓解政府财政在项目建设初期一次投资的压力，平滑财政支出。

（三）广东省规范PPP运作

广东省在转变政府职能方面，比如加强社会管理和公共服务职能等方面已走在全国前列，建设了不少服务平台和机制，在市场经济发育程度上在全国处于领先地位。因此，在更合理地处理政府和市场关系方面，广东省具有得天独厚的改革土壤和条件。

另一方面，广东省积累了比较雄厚的资金资源、企业家资源，具有比较雄厚的产业基础和科技基础。在利用已有资源推动经济转型升级从而更好地调动社会积极性方面，广东省有良好的条件。新一轮深化改革的总目标是实现社会治理体系和治理能力的现代化。广东省是改革开放的排头兵、先行地、实验区，在改革开放实践探索中积累了丰富经验，在规范PPP运作方面可以继续发挥带头作用。

（四）广东省政府大力支持本项目实施

广东省政府将推广PPP模式列入2015年广东省重点改革事项，并于2015年8月底成功举办了广东省政府和社会资本合作项目推介会。广东省发改委发布《关于编报政府与社会资本合作（PPP）项目的通知》《关于开展生态功能区公共服务设施建设领域政府和社会资本合作试点的通知》等文件，力推PPP模式在全省实施。PPP作为一种新的投融资模式，核心就是在公共服务领域引进市场机制，吸引社会资本参与，从而形成多元化、可持续的资金投入机制，撬动更多社会资本投入公共服务领域。

为全面推进政府和社会资本合作试点，广东省启动了 PPP 项目储备工作，建立了全省 PPP 项目储备库，并筛选了首批省级示范项目。省财政厅研究建立激励机制，对 PPP 试点实施效果较好、具有一定示范意义的市、县给予支持。

（五）对社会资本有较强的吸引力

一方面，国家对重大水利基础设施建设项目给予中央预算内投资补助支持。根据韩江高陂水利枢纽工程项目可行性研究报告批复，工程静态总投资 609 190.89 万元（枢纽工程投资 379 194.41 万元，水库移民征地补偿费 229 996.48 万元），建设期利息 18 976.5 万元，总投资 628 167.39 万元。与此同时，《国家发展改革委关于完善水电上网电价形成机制的通知》（发改价格〔2014〕61 号）提出，水电上网电价在一定时期内保持稳定。项目公司在特许经营期内通过收取水力发电上网售电电费以回收投资成本和取得投资回报。本项目合作期长、收益稳定，对社会资本有较大的吸引力。

综上所述，与传统政府投资、建设、运营模式相比，政府和社会资本均有采用 PPP 模式的动力，项目具备可行性。

第五节　PPP 交易结构

一、交易结构

韩江高陂水利枢纽工程项目类别为准公益性。根据广东省政府常务会议的决定（广东省人民政府，农政 0100），由梅州市组建高陂建设管理处作为韩江高陂水利枢纽工程的项目法人。高陂建设管理处作为中央和地方政府财政性资金出资人代表，通过公开招标引进社会投资人（可以是一家企业，也可以是多家企业组成的联合体）。社会投资人专门针对韩江高陂水利枢纽工程项目成立项目公司，项目公司是依法设立的具有独立法人资格的经营实体，作为 PPP 项目合同及项目其他相关合同的签约主体，负责项目具体实施。高陂建设管理处代表梅州市政府与项目公司签订特许经营合同，授予项目公司特许经营权。

梅州市政府负责协调国家和省政府投入的项目建设期财政性资金及时拨付到高陂建设管理处，由高陂建设管理处负责项目建设资金的使用，并负责项目建设期移民征地组织和实施的协调管理、工程质量监督等管理工作。项目公司负责项目社会资本融资，并按照招投标文件要求组织工程建设等。

交易结构详见图 3－1。

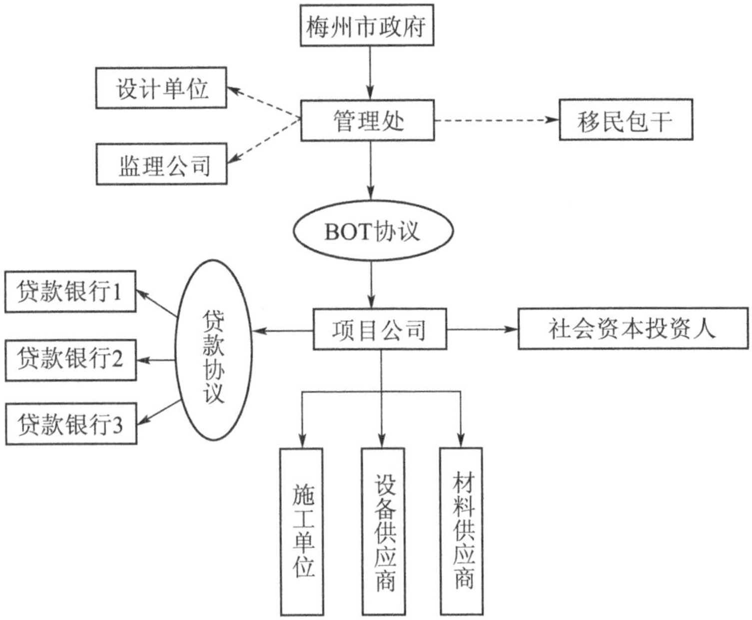

图3－1　本项目交易结构

二、投融资结构

根据《国家发展改革委关于广东省高陂水利枢纽工程可行性研究报告的批复》，按照2015年5月的价格水平，本工程总投资615 403万元，其中资本金502 427万元，利用银行贷款112 976万元（含建设期贷款利息）。资本金中，中央预算内投资定额安排301 450万元。

综合考量韩江高陂水利枢纽的准公益性、管理体制和运营机制、融资运营条件等因素，韩江高陂水利枢纽工程PPP融资运营模式拟定了BT、BOT、BOO三种方案。BOO（建设—拥有—经营）模式指投资者获得政府授予的项目特许权，据此组建项目公司，负责项目的筹资、建设和经营，并拥有项目所有权，不需移交项目资产，但其经营权可能具有一定的特许期限。BOO的本质是“公用事业私有化”。该模式主要适用于财务收入小，现金流量不足以支撑社会投资者获取合理投资回报，且对公众利益影响较小的基础设施项目。经分析，当上网电价采用上述0.47～0.52元/(kW·h)阶梯电价方案，特许经营期为35年，贷款年限为20年，在中央和广东省政府资本金不付应付利润和支付移民生产安置长补基金的情况下，吸引社会资金129 527万元（其中，企业资本金31 460万元，贷款本金85 279万元，移民长补投资12 788万元），企业财务内部收益率为8.0%，满足社会投资者的基本回报要求。因此，韩江高陂水利枢纽融资运营模式不推荐 BOO 模式。本次工程融资运营模式重点研究 BT 模式和 BOT 模式。

（一）BT 模式

BT 模式是将韩江高陂水利枢纽工程作为一个整体，由高陂建设管理处通过公开招标由社会投资者进行融资建设，项目建成后交由梅州市政府指定的机构管理，梅州市政府在一定回购期（一般为 3 ～ 10 年）内分期支付项目投资。该模式项目建设期地方财政支付压力较小，利用社会资金量大，政府不需为建设该特定项目而负债。但按 BT 协议规定的期限回购社会资本投入部分，包括拥有经营性收入的水电站资产和其他公益性资产，回购期内的政府财政压力和支付强度高于传统的政府投资建设模式，只是政府投资的支付时间比传统投融资推迟了 6 年（项目建设期）。企业在项目建设期投入的资金量大，其资本金和债务资金的融资能力要求较高。项目公司除获得少量的融资收益外，整个项目潜在的施工利润对投资者或项目公司具有很大的吸引力。

BT 模式设计的两个重要指标为回购期限、项目投资回报率。回购期限参考国内其他项目 BT 模式，本次回购期限拟定 5 年和 10 年两个方案。项目投资回报率根据广东省水利 BT 项目招标实践，水利 BT 项目投资回报率一般在同期银行贷款基准利率的基础上上浮 1% ～ 2% 。本次测算 BT 模式下回购利率按银行长期贷款利率 5.9% 加融资收益率 1.5% 计算。本项目静态总投资为 609 191 万元，初步拟定由中央政府出资 319 776 万元，其余 289 415 万元资金由广东省政府筹集。广东省将其所需投入的项目建设投资采用 BT 模式进行招标。按照上述 BT 模式的回购期限和项目投资回报率，对不同回购期限广东省级政府回购资金进行分析测算，计算结果见表 3 -3。

表 3 -3　不同回购期限广东省政府回购资金的计算结果

回购期限/年	广东省筹集建设资金/万元	回购成本/万元	回购总额/万元	回购年均支付强度/万元
5	289 415	139 487	428 902	85 780
10	289 415	215 232	504 648	50 465

由表 3 -3 可知，当项目公司投入建设资金 289 415 万元，广东省回购期限分别为 5 年和 10 年时，回购成本分别为 139 487 万元和 215 232 万元，广东省政府回购总额分别为 428 902 万元和 504 648 万元，回购年均支付强度分别为 85 780 万元和 50 465 万元。从上述分析可以看出，回购期限越长，政府回购成本和回购总额越高，但回购年均支付强度降低。对广东省政府来说，回购方式应综合考虑

广东省政府未来财政收入、财政资金使用计划和回购资金总额、回购支付强度等因素。经初步分析广东省未来财政收入预测、能够接受的回购资金总额和回购支付强度，本次 BT 模式回购期限采用 5 年的方案。

（二）BOT 模式

BOT 模式（建设—运行—移交）指高陂建设管理处通过公开招标引进社会投资人（可以是一家企业，也可以是多家企业组成的联合体），社会投资人专门针对韩江高陂水利枢纽项目成立项目公司，高陂建设管理处代表梅州市政府与项目公司签订特许经营合同，授予项目公司特许经营权。项目公司负责项目融资、建设、运营、维护，特许经营期满后，项目公司移交项目经营权给梅州市指定单位。高陂建设管理处与项目公司通过签订特许经营合同的形式对工程建设运营中的资产产权关系、责权利关系、建设运营标准和监管要求、收入和回报、合同解除、违约处理、争议解决等内容予以明确。该模式一般适用于具有一定的现金流量和一定盈利能力的项目，能够通过营运期间获得的现金流量收回投资并给予社会投资人基本投资回报，政府可实现融资风险的转移。政府和企业权利共享，改变了传统的公益性水利管理单位的管理模式。

本项目静态总投资为 609 191 万元，考虑该工程地处原中央苏区，参考执行西部地区补助政策，初步拟定由中央政府补助公益性投入的 2/3 即 319 776 万元，其他资金由广东省按照 BOT 模式进行融资。工程建设期间，项目公司负责社会资本融资和工程建设管理；工程运行期间，项目公司负责工程的运营和维护，偿还银行的贷款本金和利息。中央预算内投资和广东省政府投资的资本金不分配利润，高陂建设管理处的年运行费用在枢纽总运行管理费中划出，移民生产安置长补基金（每年 831.22 万元）由项目公司支付，临时淹没补偿基金由广东省财政支付。

BOT 模式设计的四个重要指标为特许经营范围、特许经营期、企业资本金财务内部收益率、上网电价。

（1）特许经营范围。特许经营范围包括工程建设期项目公司负责组织项目施工，确保项目优质、按时投产；按项目施工进度计划落实社会资本用于工程建设的资金；工程运行期（特许经营期）内负责整个枢纽工程（包括电站、闸坝、船闸等）的运行、设施的维护、更新改造、日常管理等。

（2）企业资本金财务内部收益率。企业投资回报率的大小直接决定着投资者的期望收益，也影响项目的特许经营期限。本项目上网电价的高低决定了吸引社会资本的额度、社会投资者期望的收益水平和社会投资者实现投资收益目标的时间。本次以企业资本金财务内部收益率作为社会投资者投资回报率的评价指标。若企业资本金财务内部收益率过高，将影响当地政府的利益；若企业资本金财务内部收益率设定偏低，社会投资者期望的投资收益偏小，项目公司会要求较长的特许经营期限以达到既定的投资收益目标，也会损害当地政府的利益。我国现行长期贷款利率为 5.9%，发电行业平均收益水平在 8.0% 左右。企业资本金财务内部收益率在 6.5%～8.0% 之间可以被社会投资者接受。在特许经营期内，企业资本金财务内部收益率大于 6.5%，小于 8.0%，均被认为符合企业运营投资收益要求。

（3）特许经营期。决定项目公司特许经营期限的影响因素包括项目最终建设投资、上网电价、运营期间经营成本控制、企业投资回报率等。本实施方案以可行性研究阶段测算的建设投资、上网电价、经营成本为基础，重点根据企业资本金财务内部收益率要求分析特许经营期限。拟定按特许经营期为 50 年、35 年和 25 年分别进行企业资本金财务内部收益率测算，测算不同方案下社会资本投资收益情况，确定特许经营年限。特许经营期的计算结果详见表 3－4。由表 3－4 可知，当特许经营期分别为 50 年、35 年和 25 年时，企业资本金财务收益率分别为 8.67%、8.0% 和 6.06%。特许经营期越长，在电站上网电价有保证的前提下，企业资本金内部收益率越高。特许经营期太短，难以满足企业资本金的回报要求，不利于吸引社会资本参与项目建设运营。考虑到发电行业平均资本金财务内部收益率为 8.0%，参照类似工程，并兼顾梅州市的地方利益，认为高陂水利枢纽 BOT 运营模式的特许经营期 35 年是较为合理的。

表 3－4　特许经营期测算

特许经营期/年	静态总投资/万元	银行贷款本金/万元	资本金/万元					企业资本金财务内部收益率
			小计	中央预算内投资	广东省政府投资	移民长补投资	企业投资	
50	609 191	85 279	523 911	319 776	159 887	12 788	31 460	8.67%
35	609 191	85 279	523 911	319 776	159 887	12 788	31 460	8.0%
25	609 191	85 279	523 911	319 776	159 887	12 788	31 460	6.06%

（4）上网电价与广东省政府财政补贴额测算。为增加吸引社会资本的额度，广东省政府曾考虑在项目公司特许经营期内给予一定额度的财政补贴，以增加项目公司在项目建设期的投资，减少政府建设期投资。为了分析不同财政补贴额度对吸引社会资本的作用以及广东省政府投融资的资金成本，拟定按广东省财政补贴为项目运营期间公益性经营成本的 50%、70% 和 100% 三个方案分别测算可吸引社会资本额度增加情况以及广东省政府投入资金的融资成本。广东省政府投入资金的融资成本采用政府投资及政府补贴公益性经营成本的现值大小来表示，建

设期投资按实际投入资金累计至建设期末，补贴公益性经营成本折现基准年为工程运营的第一年初。可行性研究审查阶段推荐的韩江高陂水利枢纽电站上网电价为0.47～0.52元/(kW·h)阶梯电价，仍采用该上网电价方案来测算政府财政补贴公益性经营成本对融资方案和融资成本的影响。

不同财政补贴额度的融资方案及广东省融资成本测算结果见表3－5。

表3－5　不同财政补贴额度的融资方案及广东省融资成本测算结果

财政补贴/万元	补贴公益性经营成本比例/%	静态总投资/万元	贷款本金/万元	资本金/万元					广东省级政府投资及补贴现值/万元	吸引社会资金/万元	企业资本金财务内部收益率
				小计	中央预算内投资	广东省级政府投资	移民长补投资	企业投资			
0	0	609 191	85 279	523 911	319 776	159 887	12 788	31 460	159 887	129 527	8.0%
1771	50	609 191	99 058	510 133	307 363	153 682	12 788	36 300	179 668	148 146	8.0%
2480	70	609 191	104 570	504 621	302 355	151 178	12 788	38 300	187 559	155 658	8.0%
3543	100	609 191	112 837	496 354	294 910	147 455	12 788	41 200	199 431	166 825	8.0%

备注：上网电价为0.47～0.52元/(kW·h)阶梯电价，吸引社会资金含移民长补投资（下同）。

由表3－5可知，当财政补贴额度为0～3 543万元（100%公益性经营成本）时，吸引社会资金为129 527～166 825万元（贷款本金85 279～112 837万元，企业投资为31 460～41 200万元，移民长补投资12 788万元）。中央预算内投资为319 776～294 910万元，广东省政府投资为159 887～147 455万元。广东省政府投资和财政补贴公益性经营成本资金的现值为159 887～199 431万元。

随着广东省政府财政补贴公益性经营成本额度的增加，项目的贷款能力增加，广东省政府投资减少，但广东省政府投资和财政补贴公益性经营成本的现值也越大；当财政补贴额度为零时，广东省政府投资和补贴公益性经营成本的现值最小。各方案企业资本金财务内部收益率均满足8.0%的要求。当广东省财政补贴运营期公益性经营成本100%时，省政府建设期投资仅减少12 432万元，减幅仅为7.8%，但融资成本增幅为24.7%。据此分析，在电站上网电价达到0.47～0.52元/(kW·h)阶梯电价的条件下，在35年特许经营期内，广东省政府不宜为减少建设期投资而采取对经营成本进行财政补贴的方式吸引社会资本。为了进一步分析上网电价对融资运营模式的影响，本实施方案进一步分析电站上网电价按照现行梅州市中型水电站上网电价0.403 8元/(kW·h)时对融资运营模式和广东省政府财政补贴额度的影响，计算条件为特许经营期35年，贷款年限20年，中央预算内投资和广东省政府投资的资本金不付应付利润，支付移民生产安置长补基金，贷款本金和资本金与0.47～0.52元/(kW·h)阶梯电价方案一致，企业资本金财务内部收益率大于等于6.5%，小于等于8.0%。按照现行梅州市中型水电站上网电价测算的融资方案和广东省政府补贴成果财务指标结果见表3-6。

表3-6　不同上网电价情况下的融资方案测算结果

上网电价/(元/(kW·h))	年均财政补贴/万元	静态总投资/万元	贷款本金/万元	资本金/万元					吸引社会资金/万元	企业资本金财务内部收益率
				小计	中央预算内投资	广东省级政府投资	移民长补投资	企业投资		
0.403 8	2 034	609 191	85 279	523 911	319 776	159 887	12 788	31 460	129 527	6.5%
0.403 8	4 056	609 191	85 279	523 911	319 776	159 887	12 788	31 460	129 527	8.0%
0.470～0.52	0	609 191	85 279	523 911	319 776	159 887	12 788	31 460	129 527	8.0%

备注：贷款本金和资本金与0.47～0.52元/(kW·h) 阶梯电价一致。

由表3-6可知，电站上网电价按照现行梅州市中型水电站上网电价0.403 8元/(kW·h)，在吸引社会资金129 527万元（企业资本金31 460万元，贷款本金85 279万元，移民长补投资12 788万元）情况下，企业资本金财务内部收益率为6.5%和8.0%，需要广东省财政在特许经营期内年均财政补贴分别为2 034万元和4 056万元。因此，如果工程建成后，电站上网电价达不到预期的0.47～0.52元/(kW·h) 阶梯电价，为保障企业合理的投资收益要求，存在广东省政府在特许经营期内补贴项目公司经营成本的可能。通过对影响BOT模式特许经营范围、特许经营期、企业资本金财务内部收益率、上网电价四个重要指标的分析，本次采用特许经营方式，特许经营期间不进行财政补贴的BOT模式，特许经营年限为35年，上网电价为0.47～0.52元/(kW·h) 的阶梯电价。

三、融资运营模式比选

采用何种融资运营模式是本实施方案研究的重点。融资运营模式比选，不仅要考虑项目建设期投资的可获得性，还要考虑运营期投资各方的投资收益风险。融资运营模式比选主要考虑吸引社会资金总额、广东省政府的财政支出压力和融资成本、社会投资者的投资收益水平等因素。韩江高陂水利枢纽建设期资金来源除中央政府投入的重大水利基础设施的投资外，广东省政府希望通过融资运营模式创新，吸引社会投资者介入项目建设与运营。BT模式和BOT模式均可实现政府与营利性和非营利性企业建立相互合作关系，体现了风险与收益对等的原则。无论采用何种渠道的股本资本还是债务资金都存在融资成本问题，融资成本比较是选择融资运营模式的重要内容。社会投资者投入的自有资金，其资本成本通常与市场利率有关。在确定了债务资金额度的大致范围以后，需要研究采用何种融资运营模式使广东省政府建设高陂水利枢纽的筹资成本相对较低。

本实施方案从吸引社会资金总额、广东省政府的财政支出压力和融资成本、社会投资者的融资额度及盈利能力等方面对拟定的BT和BOT融资运营模式进行综合比选。韩江高陂水利枢纽融资运营模式综合比较详见表3-7。

表3-7 韩江高陂水利枢纽融资运营模式综合比较表

比较项目	单位	BT模式	BOT模式
①吸引社会资本		大	小
②投资者的融资能力/压力		要求高/压力大	要求较低/压力小
③回购期	年	5	/
④政府的财政压力		大（回购期）	小（建设期）
中央补助	万元	319 776	319 776
广东省政府投资	万元		159 887
回购额	万元	289 415	
回购成本	万元	139 487	
回购总额	万元	428 902	
回购年均支付强度	万元	85 780	
⑤引进社会资本	万元		
资本金	万元		31 460
贷款本金	万元		85 279
移民生产安置长补投资	万元		12 788
⑥融资成本率			
中央预算内投资		/	0
广东省政府投资		/	5.35%
移民生产安置长补投资		/	6.50%
企业资本金		/	0
银行贷款			5.90%
加权平均资金成本率		7.40%	2.40%

注：考虑该工程地处原中央苏区，参考执行西部地区补助政策，初步拟定由中央政府补助公益性投入的2/3。广东省政府投资暂按搭桥贷款方式筹集资金。

（1）吸引社会资金总额。BT模式资金来源：中央预算内投资319 776万元，吸引社会资金为289 415万元。BOT模式资金来源考虑中央预算内投资与BT模式相等，需广东省政府投入建设资金159 887万元，吸引社会资金129 527万元，其中企业资本金31 460万元，贷款本金85 279万元，移民长补投资12 788万元。从吸引社会资本角度分析，BT模式比BOT模式多吸引社会资金159 888万元。

（2）广东省政府的财政支出压力及融资成本。若采用BT模式，在项目建设期广东省政府没有财政支出压力。本项目建设期6年，可以有效缓解广东省政府支付压力。但工程建成运营后，广东省政府在 5 年回购期限内回购资金成本为 139 487 万元，回购总额为 428 902 万元，回购年均支付强度为 85 780 万元，年财政支付压力仍然较大。若采用 BOT 模式，广东省政府 6 年建设期建设投资财政支出 159 887 万元，BOT 模式比 BT 模式回购总支出少 269 015 万元。

为了进一步分析项目采用 BT 模式和 BOT 模式的合理性，本实施方案对 BT 模式和 BOT 模式的融资成本进行了分析。在中央预算内投资资金成本均为零的前提下，BT 模式社会投资者资金成本率为 7.40%；加权平均资金成本率为 7.40%。BOT 模式广东省政府投资的资金来源暂按通过一年期搭桥贷款来筹集资金，资金成本率为 5.35%（一年期贷款利率）；移民长补投资的资金成本率为 6.50%；企业贷款本金的资金成本率为长期贷款利率 5.90%。经计算，BOT 模式加权平均资金成本率为 2.40%。据此，对于高陂水利枢纽工程而言，BT 模式融资成本高于 BOT 模式。

（3）社会投资者的融资额度及盈利能力。BT 模式社会投资者需要筹集资金 289 415 万元，BOT 模式社会投资者需要筹集资金为 129 527 万元。因此，从社会投资者融资压力来看，BT 模式大于 BOT 模式。BT 模式回购期限内的资本金财务内部收益率为 7.40%，BOT 模式社会投资者特许经营期内资本金财务内部收益率为 8.0%，均高于现行长期贷款利率，两种融资营运模式企业资本的盈利能力均较好。综上所述，BOT 模式吸引社会资金小，对社会投资者的融资能力要求低且压力小，广东省政府在财政资金不足，利用财政融资（一年期搭桥贷款）的情况下，其融资成本仍低于 BT 模式。BT 模式吸引社会资金大，对社会投资者的融资能力的要求高且压力大，而且对广东省政府回购资金成本大，融资成本高。考虑到广东省未来地方财政收入，推荐政府融资成本低、吸引社会资金较小、对社会投资者的融资能力的要求低且压力小，特许经营期间不进行财政补贴的 BOT 模式。

四、回报机制

项目公司的收入回报机制包括两部分：经营性收入和政府补贴收入。由于本工程项目仅有发电收入，因此整体盈利能力差，属于准公益性项目，需中央和省级财政给予建设资金的补助。若建设期因政策性原因引起投资增加等，广东省政府需对工程公益性部分投资（除合同规定的银行贷款和企业资本金外）兜底，确保工程建设资金充足。

运行期如发生临时淹没赔偿基金增加、年运行费增加、发电收入达不到预期等情况，广东省政府需增加财政补贴，以满足企业合理的投资回报要求（本项目社会投资者特许经营期内资本金财务内部收益率为 6.5%）。

第四章　韩江高陂水利枢纽工程 PPP 项目的收入、成本及税费

本章针对韩江高陂水利枢纽工程 PPP 项目的特点，具体介绍本项目的收入结构、建设期和运营期成本组成及税费，结合项目周期长的特点对项目在特许经营期内的可用性服务费及运营成本调整机制进行说明。

第一节　项目收入

《关于开展政府和社会资本合作的指导意见》（发改投资〔2014〕2724 号）提出，根据项目是否有收益及收益能否覆盖项目投资成本，将 PPP 项目分为经营性项目、准经营性项目和非经营性项目三大类。

韩江高陂水利枢纽工程项目作为政府主导的准公共产品具有较强的公益性，采用 PPP 模式仍然保留了这一特点。韩江高陂水利枢纽工程项目公司的收入回报机制包括两部分：经营性收入和政府补贴。本工程项目仅有发电收入，因此整体盈利能力差，属于准公益性项目，需中央和省财政给予建设资金补助。

若建设期因政策性原因等引起投资增加，广东省政府需对工程公益性部分投资（除合同规定的银行贷款和企业资本金外）兜底，确保工程建设资金充足。运行期如发生临时淹没赔偿基金增加、年运行费增加、发电收入达不到预期等情况，广东省政府需增加财政补贴，以满足企业合理的投资回报要求（本项目社会投资者特许经营期内资本金财务内部收益率为 8.00%）。

本枢纽工程的收入主要为电站售电收入。目前广东省小水电上网电价最低保护价为 0.438 2 元/(kW·h)，梅州市中型水电站上网电价 0.403 8 元/(kW·h)，燃煤机组（含热电联产机组）的标杆上网电价（含脱硫）为 0.521 元/(kW·h)，考虑未来电力改革同质同价，本电站上网电价区间为 0.403 8～0.52 元/(kW·h)。本枢纽工程电站多年平均发电量为 4.014×10^{8} 万 kW·h，年有效上网电量为 3.719×10^{8} 万 kW·h，电站运行按 50 年计算，运行期第 1 年至第 5 年电价为 0.47 元/(kW·h) 时，年收入为 17 477 万元；运行期第 6 年至第 50 年电价为 0.52 元/(kW·h) 时，年收入为 19 336 万元。

第二节　项目建设期成本

一、项目建设成本结构

韩江高陂水利枢纽工程 PPP 项目建设期的成本主要指按照项目批复的规模及工程设计方案完成项目工程建设并实现项目运营所需投入的总费用，包括工程造价、资金筹措费、增值税和铺底流动资金等（图 4－1）。其中，项目建设期成本主要包括工程建设成本、资金筹措费和铺底流动资金。

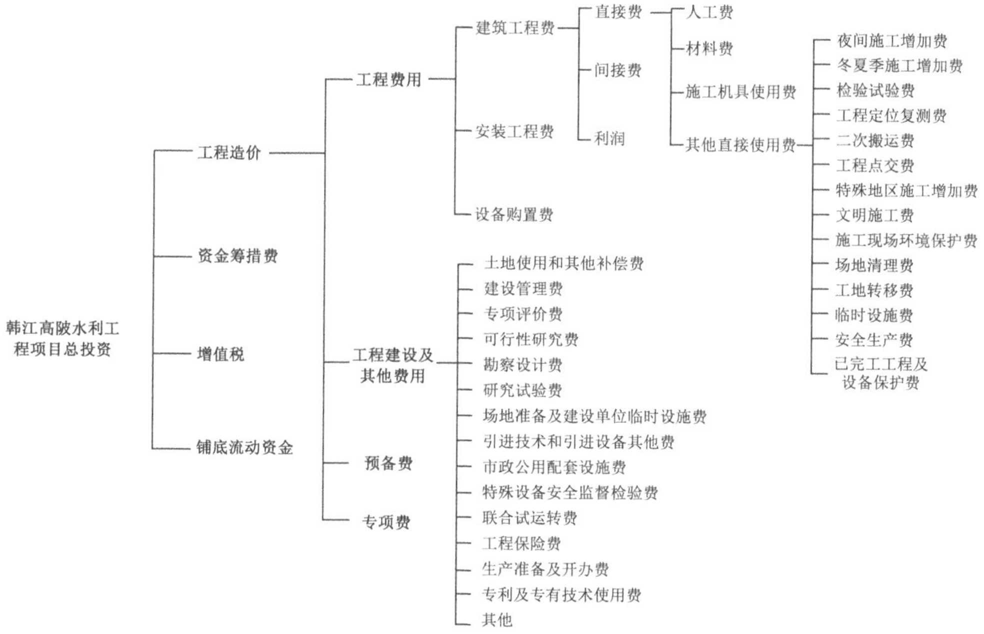

图 4－1　韩江高陂水利枢纽工程项目建设期成本结构

工程建设成本是指项目在建设预期或实际支出的建设费用以及应计入建设期成本的增值税额，主要由工程造价费用和增值税组成。资金筹措费指社会资本为项目建设投资产生的建设贷款利息及融资所产生的费用。换言之，资金筹措费表示的是在建设期内应计的利息和在建设期内为筹措项目资金所发生的费用，如各类借款利息、债券利息、贷款评估费、国外借款手续费及承诺费、汇兑损益、债券发行费用及其他债务利息支出或融资费用等。

铺底流动资金是指为保证项目建成后安全、有序、高效地开展运营所必需的流动资金。铺底流动资金主要用于项目筹备及运营初期购买原材料、燃料、动力、支付职工工资和其他有关费用。

二、工程建设成本

工程建设成本一般由工程费用、工程建设其他费用、预备费以及专项费四个部分构成。

（1）工程费用。工程费用的定义是指建设期内直接用于工程建造、设备购置及其安装的费用，包括建筑工程费、安装工程费和设备购置费。

（2）工程建设及其他费用。工程建设其他费用的定义是指从工程筹建到工程竣工验收、交付使用的整个建设期间，除工程费用以外的，为保证工程建设顺利完成和交付使用后能够正常发挥效用而发生的各项费用。

韩江高陂水利枢纽工程项目经常发生的工程建设其他费用主要有场地准备及建设单位临时设施费、建设管理费、前期工作费、研究试验费、勘察设计费、咨询费、引进技术和引进设备其他费、综合联调及试运行费、生产准备及开办费、工程保险费、特殊设备安全监督检验费、既有建筑物加固费、第三方监测费、专利及专有技术使用费、配合辅助工程费等。

（3）预备费。预备费的定义是指针对项目实施过程中可能发生难以预料的支出而事先预留的费用，也称为工程建设不可预见费，主要指设计变更及施工过程中可能增加工程量的费用。

（4）专项费。专项费包括但不限于韩江高陂水利枢纽工程项目勘测队伍人员及设备的调遣搬迁，勘测施工现场的便道修筑，接通电源、水源和通信设施，土地征用和占用赔偿，工地临时生产、生活设施建设和维护，试验取样，特殊专项的运行、维护、拆除，施工相关手续办理及现场协调等产生的费用。

三、工程静态总投资

根据水利部可行性研究阶段审查意见，韩江高陂水利项目工程静态总投资 609 190. 89 万元（枢纽工程投资 379 194. 41 万元，水库移民征地补偿费 229 996. 48 万元），建设期利息 18 976. 5 万元，总投资 628 167. 39 万元。工程投资构成及分年度投资详见表 4 – 1、表 4 – 2 和表 4 – 3。

表4－1　工程投资构成

序号	项目	费用/万元
1	建筑工程	141 976.55
2	机电设备及安装工程	37 084.91
3	金属结构设备及安装工程	30 199.19
4	临时工程	61 136.73
5	独立费用	44 932.75
6	基本预备费	37 839.62
7	专项部分（其中水库移民征地补偿费229 996.48万元）	256 021.14
静态投资合计（不含送出工程）		609 190.89
8	建设期还贷利息	18 976.5
总投资合计（不含送出工程）		628 167.39

表4－2　工程建设分年度投资

年份	2015	2016	2017	2018	2019	2020	合计
比例	12%	23%	20%	17%	18%	10%	100%
投资/万元	73 103	140 114	121 838	103 562	109 654	60 919	609 191

表4－3　韩江高陂水利枢纽工程分年建设工程

年份	建设工程
2015	完成临时连接桥、场内公路、风、水、电及通信设施，施工工厂、仓库及生活福利设施，右岸上坝道路、一期截流闭气，左岸重力坝段施工等
2016	船闸工程，3、5孔泄水闸，左岸重力坝段
2017	船闸工程，7孔泄水闸，左岸重力坝段，右岸重力坝段
2018	厂房工程，右岸7.5孔泄水闸及排漂孔，右岸重力坝段
2019	厂房工程，右岸7.5孔泄水闸，右岸重力坝段
2020	右岸重力坝段，机组的安装、调试及并网发电，厂、坝区场地清理和遗留工程的处理

四、项目运营期成本

本项目在运营期的工程总成本主要包括年运行费（由材料费、燃料及动力费、修理费、职工薪酬、管理费、库区基金、水资源费、其他费用、固定资产保险费等构成）、折旧费、摊销费、财务费用等。高陂建设管理处总成本包括职工薪酬、库区基金、管理费及其他费用。工程总成本计算依据2013版经济评价规范和有关规定，并参考了类似工程。

（一）年运行费

（1）材料费。电站材料费按装机容量2～5元/kW计算，本工程取2元/kW，装机容量1.0×10^5kW，计算为20万元。防洪材料费按固定资产原值的0.1%计，按防洪分摊固定资产投资463 904.89万元扣除防洪分摊的水库移民征地补偿费175 144.59万元计算的防洪固定资产原值为288 760.29万元，经计算防洪材料费为288.76万元。项目运营期年需材料费为308.76万元。

（2）燃料及动力费。燃料及动力费按固定资产原值的0.1%取率，按固定资产总投资609 190.89万元扣除水库移民征地补偿费229 996.48万元后为379 194.41万元，即固定资产原值为379 194.41万元。经计算，枢纽运营期年需燃料及动力费为379.19万元。

（3）修理费。根据本工程特点，工程修理费按固定资产原值的0.6%取率，按固定资产总投资609 190.89万元扣除水库移民征地补偿费229 996.48万元后为379 194.41万元，即固定资产原值为379 194.41万元。经计算，本项目年需计提修理费2 275.17万元。

（4）职工薪酬。根据广东省梅州市大埔县的平均工资水平，人均年基本工资36 000元。经可研报告测算，枢纽工程管理及维护人员编制141人（其中电站工程71人，防洪供水工程70人），涵盖高陂建设管理处日常工作人员和项目公司的运行管理人员。考虑职工福利费、工会经费、职工教育经费、养老保险费、医疗保险费、工伤保险费、生育保险、失业保险费、住房公积金，取率为工资总额的62%。经计算，项目运营期间管理处和项目公司年职工薪酬总和为822.31万元。其中管理处年职工薪酬589.01万元。

（5）管理费。在项目运营期间，枢纽运营管理暂按全部职工薪酬的1倍进行测算。项目运营期间管理处和项目公司年需管理费822.31万元，其中管理处管理费233.3万元。

（6）库区基金。依据2013版经济评价规范，以上网电量为基数，费率为0.001～0.008元/(kW·h)，根据财政部关于印发《大中型水库库区基金征收使用管理暂行办法》的通知（财综〔2007〕26号），大中型水库库区基金按0.008元/(kW·h)计算，本工程按0.008元/(kW·h)计算。本枢纽电站部分

多年平均发电量为 4.014×10^8kW·h，根据规范有效电量系数采用 0.95，厂用电率为 0.5%，输电线路损失率为 2%，扣除厂用电及线损外，年有效上网电量为 3.719×10^8kW·h。经计算，库区基金为 297.48 万元。

（7）水资源费。依据 2013 版经济评价规范，水资源费计算根据各省区有关规定执行。根据广东省物价局、财政厅、水利厅《关于调整水资源费征收标准的通知》（粤价〔2009〕62 号文），水力发电工程取水的水资源费按发电量计收，其中广东省水资源费征收标准规定，大中型水力发电取用水工程，地表水征收标准 0.007 元/kW·h。本枢纽电站部分多年平均发电量为 4.014×10^8kW·h，根据规范有效电量系数采用 0.95，厂用电率为 0.5%，年发电量为 3.794×10^8kW·h。经计算，本枢纽多年平均需上缴水资源费 265.61 万元。

（8）其他费用。本工程装机容量 1.0×10^5kW，发电工程的其他费用按装机容量的 8 元/kW 计算，其他费用为 80 万元。鉴于本项目防洪功能需要建设水情自动测报系统，供水功能还需对水质等进行检测，均需发生一定的运行费用。防洪、供水功能其他费用暂按材料费、燃料及动力费、修理费、职工薪酬的 10% 计算。经计算，防洪、供水功能所需的其他费用每年 271.83 万元。其中管理处其他费用为 23.3 万元。本项目测算年需其他费用共 351.83 万元。

（9）固定资产保险费。固定资产保险费取固定资产原值的 0.05%～0.25%。本工程取固定资产原值的 0.05%，固定资产原值 379 194.41 万元，经计算固定资产保险费为 189.6 万元。

（二）折旧费及摊销费

本项目机电设备更新部分折旧年限取 25 年，不留残值，其余土建工程折旧年限取 50 年，考虑 5% 的残值，综合折旧率取 2.03%。

本项目移民占地等补偿投资较大，形成的递延资产难以在短期内进行摊销。本阶段暂按固定资产折旧率进行摊销。固定资产与递延资产的原值为建设期总投资 628 167.39 万元（包括静态总投资 609 190.89 万元加建设期利息 18 976.5 万元），其中机电设备投资为 39 715.49 万元。经计算每年名义折旧费为 12 769.21 万元。

鉴于本项目固定资产及递延资产价值高，但电站发电实际财务收入有限，按实际收入提取折旧费。还贷期折旧费全部用于还贷，还贷后折旧费用于项目固定资产更新改造。

按以上计算，枢纽工程年经营成本为 5 712.27 万元，按折旧费率计算的名义折旧费为 12 769.21 万元，总成本为 18 481.47 万元（不含财务费用）。经营成本计算详见表 4－4。

由于库区维护管理、水资源保护、水政监察、库区基金和临时淹没补偿基金管理、临时避洪的组织和实施由高陂建设管理处负责，因此这部分暂按 40 人人员编制（合计在枢纽总人员编制 141 人中）计算，相应的运营费用由梅州市财政专项统筹安排，具体在特许经营合同中详细划分。

表4-4 经营成本

序号	成本项目	本次计算基数		费率	费用/万元
		发电	防洪		
1	材料费	1.0×10^5kW	固定资产原值288 760.29万元	发电2元/kW，防洪供水0.1%	308.76
2	燃料及动力费	固定资产原值379 194.41万元		0.10%	379.19
3	修理费	固定资产原值379 194.41万元		0.60%	2 275.17
4	职工薪酬	人均年基本工资36 000元，工程管理人员141人		162%	822.31
5	管理费	职工薪酬822.31万元		1倍	822.31
6	库区基金	上网电量3.719×10^8kW·h		0.008元/(kW·h)	297.48
7	水资源费	年有效发电量3.794×10^8kW·h		0.007元/(kW·h)	265.61
8	其他费用	1.0×10^5kW	第1～4项之和	发电8元/kW，防洪供水10%	351.83
9	固定资产保险费	固定资产原值379 194.41万元		0.05%	189.60
经营成本合计					5 712.27

（三）财务费用

财务费用主要包括工程长期借款、短期借款利息支出。如项目在运行初期电价达不到0.47元/(kW·h)，用短期拆借偿还长期贷款，但短期借款拆借年限不超过5年。

（四）临时淹没补偿基金

（1）临时淹没界定。根据可行性研究报告，在枢纽坝址来水超12 930m^3/s、枢纽坝前洪水位40.01m时，枢纽开始承担韩江下游防洪任务，由汛期敞泄运用转为蓄洪运用，枢纽泄量将小于水库来水流量，坝址上、下游的水位差也将大于0.30m，库区将临时淹没。

（2）临时淹没补偿基金计算。根据可行性研究报告，水库20年、50年、百年一遇临时淹没损失分别为3 321万元、28 547万元、39 902万元，按频率法计算得多年平均临时淹没损失为820.27万元。以此作为临时淹没补偿基金数值。

（五）移民生产安置长补基金

建立高陂水利枢纽库区移民长期补偿机制，将项目建设资金中的库区耕地补偿费（12 788万元）作为项目的固定部分资本金（计入政府投资部分），不承担投资风险，在整个运行期，每年从项目财务收入中按耕地补偿费的 6.5% 固定比例支付移民生产安置长补基金 831.22 万元，移民生产安置长补基金优先于其他债务资金，以确保失地农民有长期稳定的补偿收入。

五、流动资金

本项目运营期的流动资金暂按经营成本的 10% 计算，为 571.2 万元。不考虑银行贷款，全部由自有资金解决。

六、投资费用分摊

韩江高陂水利枢纽工程是一项具有防洪、供水、发电、航运等综合利用功能的工程，工程开发任务中的防洪及为下游补水无固定财务收入，属公益性功能；发电、航运有一定的财务收入，属于经营性功能。为了合理测算本项目公益性功能和经营性功能投资和年运行费构成，依据可行性研究报告对公益性功能和经营性功能投资进行分摊。工程静态总投资 609 190.89 万元，年运行费 5 712.27 万元，按照以下原则进行费用分摊。

（一）分摊原则

（1）为各功能服务的共用工程的费用，应通过费用分摊合理确定各功能应承担的费用。

（2）仅为某几项功能服务的工程设施，可先将这几项功能视为一个整体，参与总费用的分摊，再将分得的费用在这几项功能之间进行分摊。

（3）综合利用水利建设项目中专为某个功能服务的专用工程费用，应由该功能自身承担。

（4）综合利用水利建设项目费用分摊，应进行合理性检查。各功能分摊的费用应不大于该功能可获得的效益。同时，各功能分摊的费用应小于其最优等效替代方案的费用，或不大于专为该功能服务而兴建的工程设施的费用。

（二）投资分摊

投资分摊采用库容指标和效益指标两种方法分摊。

（1）按库容指标分摊。本项目的任务主次分明，其主要任务是防洪，电站是枢纽的附属工程。投资分摊方法参照 2013 版经济评价规范和本工程的特点，防护工程费用作为防洪功能的专项投资，电站工程完全由发电功能的投资承担，船闸费用归入通航功能专用投资，其余投资作为公共投资，按照所占库容比例计算防洪、供水、发电功能应分摊投资，计入各专项投资后，最终确定各功能分摊投资。

依据可行性研究报告，高陂水利枢纽正常蓄水位 38m 到防洪高水位 47.44m

之间的防洪库容为2.673×$10^8$$m^3$；正常蓄水位38m至最低发电水位30m之间库容的兴利库容为8.63×$10^7$$m^3$，兴利库容为发电、供水功能的共用库容，按各功能占一半考虑；发电最低水位30m至供水死水位28m之间库容为7.6×$10^6$$m^3$，供水按一半考虑。以此计算防洪库容、供水库容、发电库容的分摊系数分别为0.747 9、0.131 4、0.120 7，项目总投资为609 200万元，其中电站专项投资为83 200万元，防洪专项的投资为11 800万元，航运专项的投资为26 700万元，将公共部分投资按分摊系数计算，考虑防洪、发电，专项投资后防洪、供水、发电、航运分摊投资分别为376 400万元、64 000万元、142 100万元、26 700万元。

（2）按效益指标分摊。将防洪、供水、发电效益折现至运行期第1年，分别为857 449万元、250 742万元、199 340万元。防洪、供水、发电各功能的分摊系数为0.655 8、0.191 8、0.152 4，防洪、发电、航运专项投资以外的投资为公共投资，将公共投资按效益分摊系数计算防洪、供水、发电分摊投资，再考虑防洪、发电专项投资后，防洪、供水、发电、航运分摊投资分别为331 500万元、93 500万元、157 500万元、26 700万元。

按以上方法分别计算防洪、供水、发电、航运投资，详见表4－5。

（3）推荐投资分摊结果

由表4－5可知，按库容分摊，防洪、供水、发电、航运投资占总投资的比例分别为61.79%、10.51%、23.32%、4.38%；按效益分摊，防洪、供水、发电、航运投资占总投资的比例分别为54.42%、15.35%、25.86%、4.38%。为体现枢纽的开发任务主次关系和合理分摊投资，经分析，采用按库容分摊防洪、供水和发电公共部分的投资。

各功能分摊投资见表4－5、表4－6。

表4－5　防洪、供水、发电投资分摊

分摊方法		按库容分摊		按效益分摊	
静态投资/亿元		60.92		60.92	
防洪专项投资/亿元		1.18		1.18	
发电专项投资/亿元		8.32		8.32	
航运专项投资/亿元		2.67		2.67	
公共部分	防洪发电航运专项投资以外投资/亿元	48.75		48.75	
	防洪分摊/亿元	36.47	74.79%	31.97	65.58%
	供水分摊/亿元	6.40	13.14%	9.35	19.18%
	发电分摊/亿元	5.88	12.07%	7.43	15.24%

续上表

分摊方法	按库容分摊		按效益分摊	
防洪分摊投资/亿元	37.64	61.79%	33.15	54.42%
供水分摊投资/亿元	6.40	10.51%	9.35	15.35%
发电分摊投资/亿元	14.21	23.32%	15.75	25.86%
航运分摊投资/亿元	2.67	4.38%	2.67	4.38%

表 4-6 各功能分摊投资结果

项目	防洪供水			发电	航运	合计
	防洪	供水	小计			
分摊比例	61.79%	10.51%	72.30%	23.32%	4.38%	100%
分摊投资/万元	376 419.95	64 049.57	440 469.52	142 068.07	26 653.30	609 190.89

（三）年运行费分摊

枢纽工程经营成本为 5 712.27 万元。按照经营成本各项费用计算，则防洪（含供水、航运）功能年运行费为 3 542.77 万元，发电功能年运行费为 2 169.49 万元。按推荐的库容分摊法，防洪、供水、航运投资分摊比例为 61.79%、10.51%、23.32%，按该比例分摊防洪、供水、航运功能年运行费，经计算，防洪功能年运行费为 2854.86 万元，供水功能年运行费为 485.77 万元，航运年运行费为 202.14 万元，详见表 4-7。

表 4-7 各功能分摊年运行费结果

单位：万元

项目	防洪（供水、航运）				发电	合计
	防洪	供水	航运	小计		
年运行费	2 854.86	485.77	202.14	3 542.77	2 169.49	5 712.27

经计算，发电功能分摊的折旧费为 3 594.41 万元，发电功能年运行费为 2 169.49 万元，发电功能总成本费用为 5 763.90 万元。计入防洪（含供水、航运）功能年运行费 3 542.77 万元后，总成本费用为 9 306.67 万元。

电站年有效上网电量为 3.719×10^8kW·h，经计算，电站在分摊防洪、供水年运行费的条件下，发电单位成本为 0.25 元/(kW·h)；在不分摊防洪、供水年运行费的条件下，电站单位成本为 0.16 元/(kW·h)；航运单位成本为 0.22 元/t，详见表 4-8。

表4-8　单位成本

发电分摊折旧费（万元）	发电年运行费（万元）	电总成本费用（万元）	电总成本费（计入防洪、供水、航运。万元）	年有效上网电量（万kW·h）	电站单位成本[分摊防洪、供水、航运。元/(kW·h)]	电站单位成本[不分摊防洪、供水、航运。元/(kW·h)]	航运单位成本（元/t）
3 594.41	2 169.49	5 763.9	9 306.67	37 185.34	0.25	0.16	0.22

第三节　项目税费

韩江高陂水利枢纽工程PPP项目建设及运营期间涉及的税费主要包括企业所得税、增值税、城市维护建设税及教育附加费等。下面介绍韩江高陂水利枢纽工程PPP项目在财务模型评价中所涉及的税种。

1. 企业所得税

《中华人民共和国企业所得税法》规定，在中国境内的企业的生产经营所得都应缴纳企业所得税。企业所得税等于企业应纳所得额与所得税税率的乘积。

应纳所得额为项目收入总额（不含税）扣除项目总成本后的金额。其中，项目总成本包括项目经营过程中的日常运营成本、初始投资资产折旧摊销额、追加投资和系统更新改造折旧摊销额、利息支出、附加税费等。如果项目运营期间出现亏损，可以用下一个运营年度的所得额进行弥补，如果下一年度的所得额不足以弥补的，可以逐年延续弥补，但是延续弥补期最长不得超过5年。我国企业所得税法规定，在中华人民共和国境内外资企业与内资企业的所得税税率均为25%。

2. 增值税

增值税是以商品在流转过程中产生的增值额作为计税依据而征收的一种流转税，从计税原理上说，增值税是对商品生产、流通、劳务服务中多个环节的新增价值或商品的附加值征收的一种流转税。增值税又分进项税和销项税。增值税虽然要对商品流动的每一个环节征税，但并不重复计税。就一项产品而言，无论其经过多少个生产经营环节，增值税实行逐个环节征收、逐个环节抵扣的方式，即进项税和销项税抵扣。

根据我国关于营业税改征增值税试点方案的推广，自2014年1月起，在中华人民共和国境内提供交通运输、邮政和部分现代服务的单位和个人，征收的税种由营业税改为增值税。

3. 城市维护建设税及教育费附加

城市维护建设税及教育费附加是以项目公司实际缴纳的增值税税额为计税依

据，按照相应的税费率计缴的税费。项目所在地区不同，所要缴纳的城市维护建设税税率不同：项目所在地为市区的税率为7%；项目所在地为县城或者镇的税率为5%。教育费附加税率为3%，地方教育费附加税率为2%。

综上，按照《中华人民共和国企业所得税法》《中华人民共和国增值税暂行条例》，水利工程企业所得税税率为25%，增值税率为17%，城市维护建设税按增值税额的5%计，教育费附加按增值税额的3%计。临时淹没赔偿基金由省政府财政补贴支付，不计算销售税金附加和所得税。

经测算，按照电站上网电价第1年至第5年为0.47元/(kW·h)，第6年后为0.52元/(kW·h)计算，电站年财务收入为17 477～19 336万元。销售税金附加第1年至第5年为237.7万元，第6年后262.97万元。

第四节　项目成本调整

韩江高陂水利枢纽工程项目特许经营期为35年，特许经营期较长。在较长的特许经营期内，实现项目投资回报及经营成本支出风险的有效控制，充分实现PPP项目风险共担、利益共享的原则，避免政府方的过度补贴与社会资本方投资收益无法保障的情况，确保工程项目健康可持续发展，实现各方共赢的局面，这是韩江高陂水利枢纽工程项目特许经营期内运营成本调价机制的基本准则。

一、成本调价的原则

调价机制的目的是降低或控制由于通货膨胀、银行贷款利率等原因导致在较长的特许经营期内双方权益损失的风险。故在设计韩江高陂水利枢纽工程项目特许经营期内各业务板块补贴时应遵循以下原则：

（1）调价机制应遵循PPP项目目标及国家相关文件精神，有效地将政府付费金额维持在合理范围，同时又可保障社会资本方有合理的投资回报。

（2）根据《关于推广运用政府和社会资本合作模式有关问题的通知》（财金〔2014〕76号）的要求，为充分发挥市场在资源配置中的决定性作用，按照“风险由最适宜的一方承担”的原则，合理分配项目风险。PPP项目的调价机制的目标就是根据双方的合作条件保障整个合作机制处于一个平衡的状态。故在设计调价机制时应充分识别成本及收益波动因素，按风险分担原则设计各波动因素在调价机制中的应用。

（3）调价机制主要为应对特许经营期内各项成本支出由于劳动力市场、消费物价指数、银行贷款利率等原因造成的波动。应根据成本波动因素建立动态调价机制，从而实现据实弥补由于价格因素导致的成本支出增加或收益减少部分，同时也能实现成本结余或收益超出部分合理扣回功能，有效规避社会资本方长期亏损导致项目经营困难或政府过度补贴的情况。

（4）应根据项目实际情况及合作条件设计适合项目自身需求的调价模型，在充分实现调价机制的平衡功能的同时，还需考虑项目调价的操作成本。

二、项目成本调整的影响因素

（1）劳动力成本。劳力成本是韩江高陂水利枢纽工程项目运行周期中重要的支出。劳动力成本主要包含人员工资薪酬，还包含企业按规定为个人购买的社会保险费用，主要受社会平均工资水平、增长率及社保缴纳比例影响。

（2）生产价格指数。生产价格指数 PPI 是衡量生产企业产品出厂价格变动趋势和变动程度的指数，是反映某一时期生产领域价格变动情况的重要经济指标。韩江高陂水利枢纽工程项目在建设期间需要采购的材料及产品较多，在调价机制中应充分考虑由于物价水平变化导致的成本支出风险。

（3）居民消费价格指数。居民消费价格指数调查的是社会产品和服务项目的最终价格，它是在特定时段内度量一组代表性消费商品及服务项目的价格水平随时间变动的相对数。在韩江高陂水利枢纽工程建设及运营阶段的成本支出均涉及一定的社会化产品及第三方服务项目费用支出，是成本调整影响因素之一。

（4）固定资产投资价格指数。固定资产投资价格指数主要反映一定时期内固定资产投资额的价格变动趋势和变动幅度的相对数，主要影响项目建设投资及运营期间更新改造及追加投资成本。

（5）银行贷款利率。在项目招投标阶段，一般采用当前央行发布的基准贷款利率计算项目总投资的资金使用费，若在 PPP 项目特许经营期间央行发布的基准贷款利率发生变化，将直接影响资金成本的支出。调价机制应充分考虑银行贷款利率变化对缺口补贴的影响。

三、项目成本调整的实例

（一）广东省上网电价

广东省用电量主要依靠省内水电、火电、核电和其他清洁能源发电以及外购电量。2013 年 1—11 月份，火电发电占广东省发电量的 58.8%，水电、核电、其他清洁能源发电占 16.9%，外购电量占 24.3%。各种电能上网电价基本情况如下：

（1）水电。为了促进小水电健康发展，广东省小水电上网电价最低保护价标准逐渐提高：根据《广东省物价局关于规范小水电上网电价问题的通知》（粤价〔2007〕147 号）、《关于公布新一轮小水电上网电价最低保护价标准的通知》（粤价〔2011〕326 号）、《关于调整小水电上网电价最低保护价标准的通知》（粤价〔2013〕177 号），2007 年、2011 年、2013 年新的小水电上网电价最低保护价分别提高至0.395 4 元/(kW·h)、0.428 2 元/(kW·h)、0.438 2 元/(kW·h)。根据上述文件，广东省各电站按要求做出相应调整，部分水电站上网电价见表4-9。

表4-9 广东省部分电站现行上网电价

电站	上网电价［元/(kW·h)］	备注
东江水利枢纽电站	0.464 5	含税
西枝江惠东水利枢纽电站	0.464 5	含税
白盆江水电厂	0.464 5	含税
韶能集团	0.438 2	不含税
乐昌峡水利枢纽电站	0.403 8	不含税

（2）火电。根据《广东省物价局关于调整上网电价的通知》（粤价〔2006〕144 号），广东省新投产燃煤机组（含热电联产机组）的上网电价调整为未安装脱硫设备的为0.438 2 元/(kW·h)（含税，下同）；安装脱硫设备的为0.453 2 元/(kW·h)。根据《关于提高燃煤电厂上网电价的通知》（粤价〔2011〕283 号），广东省燃煤机组（含热电联产机组）的标杆上网电价调整为含脱硫电价为0.521 元/(kW·h)；未含脱硫电价为0.506 元/(kW·h)。可见，火电上网标杆电价高于小水电上网电价最低保护标准，且呈上升趋势。

（3）核电。根据《国家发展改革委关于完善核电上网电价机制有关问题的通知》（发改价格〔2013〕1130 号），为了促进核电健康发展，合理引导核电投资，决定完善核电上网电价机制，对新建核电机组实行标杆上网电价政策。根据目前核电社会平均成本与电力市场供需状况，核定全国核电标杆上网电价为0.43 元/(kW·h)。广东省大亚湾核电站和岭澳核电站的上网电价分别为0.414 元/(kW·h) 和0.429 元/(kW·h)。可见，广东省核电上网电价也在逐步上升。

综上所述，广东省各类电站上网电价均呈上升趋势。因此，待韩江高陂水利枢纽工程建成投入发电，根据广东省电力市场供需情况，随着电力市场、电价的改革以及今后物价上涨，水电上网电价未来将有合理的提高空间。

（二）梅州市上网电价

根据梅州市小水电上网电价统计（不含税），详见表4-10。小水电上网电价在0.395 4～0.438 2 元/(kW·h) 之间，峰期上网电价在0.474 5～0.525 8 元/(kW·h) 之间，谷期上网电价在0.237 2～0.262 9 元/(kW·h) 之间。

根据梅州市各行业下网电价统计，下网电价（不含税）在0.330 0～0.660 4 元/(kW·h) 之间，峰期下网电价0.824 6 元/(kW·h)，谷期下网电价0.249 9 元/(kW·h)，见表4-10。

根据梅州市某炼钢企业电费价格（不含税），峰期下网电价0.795 0 元/(kW·h)，平期下网电价0.492 0 元/(kW·h)，谷期下网电价0.258 7 元/(kW·h)，见表4-11。

根据中国南方电网2015年1月1日要求梅州市各行业执行的下网电价，下网电价在0.328 8～0.660 4元/(kW·h)之间，峰期下网电价在0.682 2～1.089 7元/(kW·h)之间，平期下网电价在0.410 9～0.660 4元/(kW·h)之间，谷期下网电价在0.205 5～0.330 3元/(kW·h)之间，见表4－12。

根据以上梅州市及个别企业上网以及下网电价情况，上网电价区间为0.395 4～0.438 2元/(kW·h)，下网电价区间为0.330 0～0.660 4元/(kW·h)。因此，就梅州市电网而言，有较大的盈利空间。韩江高陂水利枢纽工程电源点发电质量好，有调峰能力，不仅可增加下游各梯级电站发电量，还可与下游梯级电站同步调峰，对改善梅州电网供电质量具有较好作用。因此，韩江高陂水利枢纽建成后，考虑该项目作为PPP融资运营模式试点，政府宜协调电网公司给予较为优惠的上网电价，以减轻政府的融资负担。

表4－10　梅州市上网下网电价价目表

（2015年3月）

用电分类	电价代码	电价名称	时段	电价[元/(kW·h)，含税]	电价[元/(kW·h)，不含税]
商业	41100	农产品不满1kV	总	0.772 70	0.660 43
	41200	农产品1～10kV	总	0.747 70	0.639 06
	41300	农产品35kV及以上	总	0.722 70	0.617 69
住宅	50000	住宅	总	0.584 70	0.499 74
	50021	住宅（0.42）	总	0.404 70	0.345 90
	50024	住宅（0.438）	总	0.422 70	0.361 28
	50027	住宅（0.44）	总	0.424 70	0.362 99
	50030	住宅（0.45）	总	0.434 70	0.371 54
	50033	住宅（0.48）	总	0.464 70	0.397 18
	50036	住宅（0.486）	总	0.470 70	0.402 31
	50039	住宅（0.5）	总	0.484 70	0.414 27
	50041	住宅（0.43）	总	0.414 70	0.354 44
	50550	居民分时电价	总	0.584 70	0.499 74
		居民分时电价	峰	0.964 80	0.824 62
		居民分时电价	平	0.584 70	0.499 74
		居民分时电价	谷	0.292 40	0.249 91
	50560	居民合表电价	总	0.621 70	0.531 37

续上表

用电分类	电价代码	电价名称	时段	电价[元/(kW·h),含税]	电价[元/(kW·h),不含税]
农业生产	60000	农业生产用电	总	0.525 10	0.448 80
稻田排灌、脱粒用电	70000	稻田排灌、脱粒	总	0.386 10	0.330 00
其他	90101	光伏发电电价（不含税）	总	0.429 06	0.429 06
	G10	市直乡镇小水电（送网）	总	0.453 89	
	G20	上网小水电（送网按 17%税率）	总	0.512 69	0.438 20
		上网小水电（送网按 17%税率）	峰	0.615 23	0.525 84
		上网小水电（送网按 17%税率）	谷	0.307 62	0.262 92
	G21	上网小水电（送网按 17%税率）境外	总	0.462 62	0.395 40
		上网小水电（送网按 17%税率）境外	峰	0.555 14	0.474 48
		上网小水电（送网按 17%税率）境外	谷	0.277 57	0.237 24
	G25	上网小水电丰顺（送网按 17%税率）	总		
		上网小水电丰顺（送网按 17%税率）	峰	0.597 14	0.510 38
		上网小水电丰顺（送网按 17%税率）	谷	0.295 81	0.252 83
	G30	上网小水电（送网按 6%税率）	总	0.419 12	0.438 20
		上网小水电（送网按 6%税率）	峰	0.557 39	0.525 84
		上网小水电（送网按 6%税率）	谷	0.278 70	0.262 92
	G31	上网小水电（送网按 6%税率）境外	总	0.419 12	0.395 40
		上网小水电（送网按 6%税率）境外	峰	0.502 95	0.474 48
		上网小水电（送网按 6%税率）境外	谷	0.251 47	0.237 24
	G40	上网小水电（送网按 3%税率）	总	0.451 35	0.438 20
		上网小水电（送网按 3%税率）	峰	0.541 62	0.525 84
		上网小水电（送网按 3%税率）	谷	0.270 81	0.262 92
	G41	上网小水电（送网按 3%税率）境外	总	0.407 26	0.395 40
		上网小水电（送网按 3%税率）境外	峰	0.488 71	0.474 48
		上网小水电（送网按 3%税率）境外	谷	0.244 36	0.237 24

表 4－11　梅州市某炼钢企业电费价格

序号	峰平谷情况	时段	电价 [元/(kW·h)，含税]	电价 [元/(kW·h)，不含税]
1	低（谷）	0:00～8:00	0.302 7	0.258 7
2	平	8:00～9:00	0.575 6	0.492 0
3	峰	9:00～12:00	0.930 2	0.795 0
4	平	12:00～19:00	0.575 6	0.492 0
5	峰	19:00～22:00	0.930 2	0.795 0
6	平	22:00～24:00	0.575 6	0.492 0

表 4－12　梅州市下网电价价目表

用电分类				电价 [元/(kW·h)，含税]	电价 [元/(kW·h)，不含税]
一、大工业用电					
	电度电价	1～10kV	峰	0.875 7	0.748 5
			平	0.530 7	0.453 6
			谷	0.265 4	0.226 8
		36～110kV	峰	0.834 4	0.713 2
			平	0.505 7	0.432 2
			谷	0.252 9	0.216 2
		220kV 及以上	峰	0.798 2	0.682 2
			平	0.480 7	0.410 9
			谷	0.240 4	0.205 5
二、一般工商业用电	（一）普通工业	不满 1kV	峰	1.275	1.089 7
			平	0.772 7	0.660 4
			谷	0.386 4	0.330 3
		1～10kV	峰	1.233 7	1.054 4
			平	0.747 7	0.639 1
			谷	0.273 9	0.234 1
		35kV 及以上	峰	1.192 6	1.019 3
			平	0.722 7	0.617 7
			谷	0.361 4	0.308 9

续上表

<table>
<tr><th colspan="3">用电分类</th><th>电价
[元/(kW·h)，含税)]</th><th>电价
[元/(kW·h)，不含税)]</th></tr>
<tr><td rowspan="6">二、一般工商业用电</td><td rowspan="3">（二）非工业</td><td>不满 1kV</td><td>0.772 7</td><td>0.660 4</td></tr>
<tr><td>1～10kV</td><td>0.747 7</td><td>0.639 1</td></tr>
<tr><td>35kV 及以上</td><td>0.722 7</td><td>0.617 7</td></tr>
<tr><td rowspan="3">（三）商业</td><td>不满 1kV</td><td>0.772 7</td><td>0.660 4</td></tr>
<tr><td>1～10kV</td><td>0.747 7</td><td>0.639 1</td></tr>
<tr><td>35kV 及以上</td><td>0.722 7</td><td>0.617 7</td></tr>
<tr><td rowspan="7">三、居民生活用电</td><td rowspan="3">阶梯电价</td><td>第一档</td><td>0.584 7</td><td>0.499 7</td></tr>
<tr><td>第二档</td><td>0.634 7</td><td>0.542 5</td></tr>
<tr><td>第三档</td><td>0.384 7</td><td>0.328 8</td></tr>
<tr><td rowspan="3">峰谷电价</td><td>峰</td><td>0.964 8</td><td>0.824 6</td></tr>
<tr><td>平</td><td>0.584 7</td><td>0.499 7</td></tr>
<tr><td>谷</td><td>0.292 4</td><td>0.249 9</td></tr>
<tr><td colspan="2">合表电价</td><td>0.621 7</td><td>0.531 4</td></tr>
<tr><td colspan="3">四、稻田排灌、脱粒用电</td><td>0.386 1</td><td>0.330 0</td></tr>
<tr><td colspan="3">五、农业生产用电</td><td>0.525 1</td><td>0.448 8</td></tr>
</table>

第五章　韩江高陂水利枢纽工程 PPP 项目物有所值评价

本章简述物有所值的定义及物有所值评价，介绍我国物有所值评价的依据与流程，针对韩江高陂水利枢纽工程 PPP 项目论证和介绍了物有所值的定量评价和定性评价。

第一节　物有所值概述

一、物有所值的定义

物有所值（value for money，VFM）这一概念最初兴起于英国。英国财政部在《物有所值评价指南》中将物有所值定义为：全生命周期内商品或服务的成本和质量的最优化组合，以满足用户需求为目标。后来英国政府将物有所值评价引入评价政府公共基础设施建设，用以衡量采用 PPP 模式提供基础设施和公共服务是否优于传统采购模式的一种项目评价方法，主要用于政府项目决策。

二、物有所值评价的原则和意义

物有所值评价应遵循真实、客观、公开的原则。物有所值评价是相对的，需要将两种不同的采购模式进行比较，比如需要将 PPP 模式与政府传统采购模式进行比较来判断哪种采购模式物有所值。在提供某一公共服务时，应在项目识别或准备阶段开展物有所值评价。政府部门可以通过物有所值评价来判断 PPP 模式是否比传统采购模式更具效率、是否降低项目全生命周期成本。当采用 PPP 模式提供项目效率高于政府传统采购模式时，则可以选择 PPP 模式。

三、物有所值的评价方法

物有所值评价方法主要包括定性评价和定量评价，目前主要以定性评价为主，但同时也鼓励开展定量评价。

物有所值定性评价通常着眼于难以用货币衡量的因素，理性检查一个项目是否适合采用 PPP。定性评价重点关注采用 PPP 模式与采用政府传统投资和采购模式相比能否增加公共供给、优化风险分配、提高效率、促进创新和公平竞争、有效落实政府采购政策等。国际上普遍认为物有所值定性评价很重要，但目前没有统一标准的评价框架和程序，一般通过分析和回答一系列问题来定性判断。

物有所值定量评价主要通过对 PPP 项目全生命周期内政府支出成本的现值与公共部门比较值进行比较，确定一个明确的物有所值量值。定量评价假设两种采购模式的效果相同，则比较投入的多少就可以判断哪种模式更能实现物有所值；如果假设两种采购模式的投入相同，则比较所获效果的好与差就可以判断哪种模式更物有所值。物有所值定量评价某项目是否应采用 PPP 模式，需在公共部门比较值 PSC 及 PPP 方案成本间进行财务比较。

第二节　物有所值评价依据与流程

《财政部关于推广运用政府和社会资本合作模式有关问题的通知》（财金〔2014〕76 号）、《政府和社会资本合作模式操作指南（试行）》（财金〔2014〕113 号）文件均强调物有所值理论的应用。财金〔2014〕113 号文中明确，“财政部门（政府和社会资本合作中心）会同行业主管部门，从定性和定量两方面开展物有所值评价工作”。

物有所值评价工作流程（图 5－1）一般包括四部分，分别是评价准备、定量评价、定性评价和信息管理。首先，评价准备阶段需要准备评价能力和准备评价资料。其次，进行定量评价。物有所值定量分析的主要步骤包括：根据影子报价和实际报价计算 PPP 值；根据参照项目计算 PSC 值；比较 PSC 值和 PPP 值，计算物有所值量值和指数，得出定量评价结论。PPP 值小于 PSC 值的，项目转入准备阶段，否则不宜采用 PPP 模式，应从当地 PPP 项目目录中剔除。再次，进行定性评价。定性评价应选定评价专家，召开专家组会议，然后经专家打分并形成定性评价意见和结论。最后，进行信息管理，阶段包括评价报告编制、评价信息披露、评价信息管理和评价服务监管。

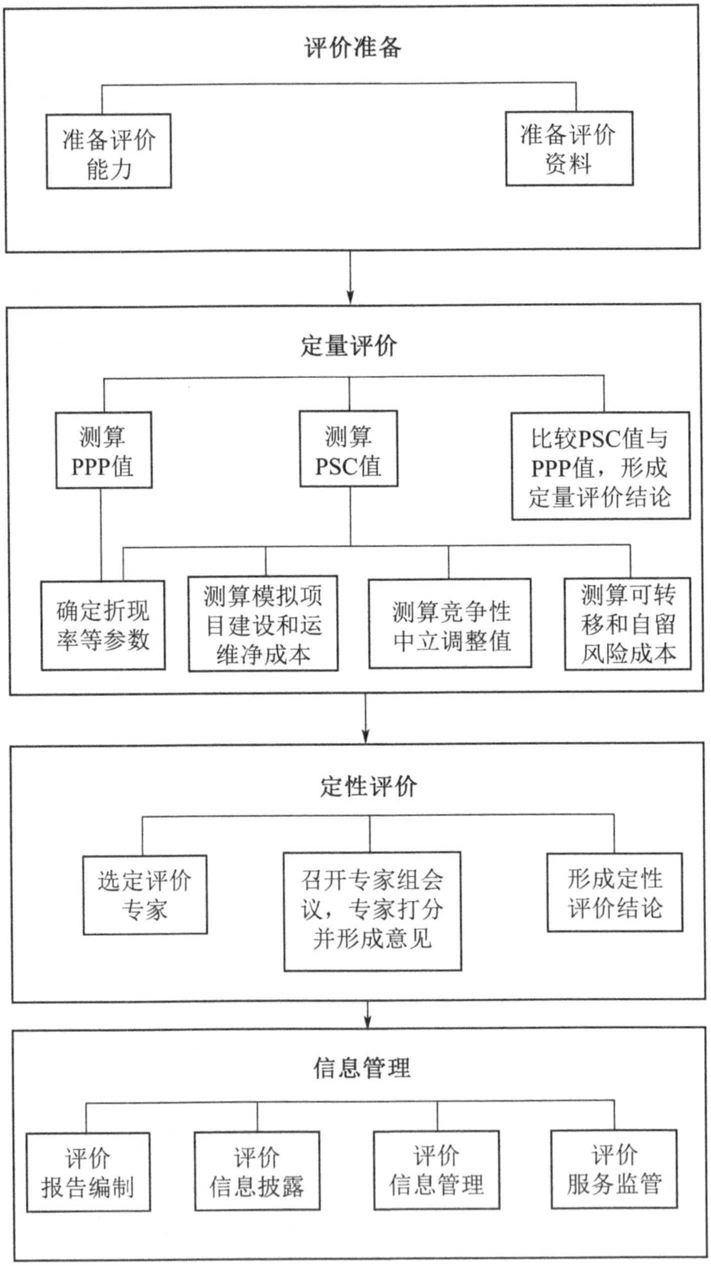

图 5－1　物有所值评价工作流程

第三节　物有所值定量评价

根据《PPP 物有所值评价指引》（财金〔2015〕167 号），现阶段以定性评价为主，鼓励开展定量评价。物有所值定量分析的基本思路是，在假定采用 PPP 模式与政府传统采购模式的产出绩效相同的前提下，通过对 PPP 项目全生命周期内政府支出成本的净现值（PPP 值）与公共部门比较值（PSC 值）进行比较，判断 PPP 模式能否降低项目全生命周期成本。当（PSC 值 - PPP 值）>0，即物有所值量值为正时，说明项目适宜采用 PPP 模式，否则不宜采用 PPP 模式。

一、PPP 值计算

在项目不同阶段，PPP 值的计算依据不同。在项目识别和准备阶段，政府根据项目实施方案等测算的 PPP 值称为影子报价 PPP 值（简称 PPPs 值）；在项目采购阶段，政府根据社会资本提交的采购响应文件等测算的 PPP 值称为实际报价 PPP 值（简称 PPP 值）。

根据该项目所处的阶段，PPP 值的计算采用 PPPs 值计算方式：

政府建设运营成本 =（政府建设成本 - 政府资本额资本性收益）+（政府运营维护成本 - 政府资本第三方收入）+ 其他成本

其中：

①政府建设运营成本，包括政府以现金、固定资产或土地使用权等方式对项目设计、建设进行的投资补助。

②资本性收益，是指项目全生命周期内产生的转让、租赁或处置资产所获的收益。资本性收益应从建设成本中抵减。

③第三方收入，是指项目全生命周期内，因提供项目基础设施及公共服务而从第三方获得的收入（如使用者付费）。第三方收入应从政府运营维护成本中抵减。

④政府运营维护成本，包括政府向社会资本支付的运营维护费、财政补贴等。

政府运营维护成本可根据社会资本的投资回报预期等进行测算，具体公式如下：

政府运营维护成本 =（社会资本建设成本 - 社会资本额资本性收益 + 社会资本运营维护成本 - 社会资本第三方收入 + 社会资本其他成本）×（1 + 合理利润率）

式中，合理利润率采用中国人民银行的长期贷款基准利率；政府自留风险承担成本包括政府比例的项目风险和政府承担的法律、政策等自留风险所指出的成本。

⑤政府其他成本，通常包括政府承担的未纳入建设成本的咨询服务费用、市场测试费用、社会资本未中选补偿金、移交补偿款等交易成本，政府负责的连接设施和配套工程建设成本、政府授予社会资本的项目周边土地或商业开发收益权、政府向社会资本提供的贷款贴息以及政府放弃的项目公司股利等。

二、PSC 值计算

PSC 值是指政府采用传统采购模式提供与 PPP 项目产出说明要求相同的基础设施及公共服务的全生命周期成本的净现值。

PSC 值 = 初始 PSC 值 + 竞争性中立调整值 + 可转移风险承担成本 + 自留风险承担成本

（一）设定参照项目

根据《政府和社会资本合作项目物有所值评价指引（试行）》中参照项目设定原则，设定本项目的参照项目如下：

（1）参照项目与 PPP 项目产出说明要求的产出范围和标准相同；

（2）参照项目与 PPP 项目财务模型中的数据口径保持一致，项目采用经营收费模式，财务收入和财务费用参照项目预可研报告中数据；

（3）参照项目采用基于政府现行最佳时间的最有效和可行的采购模式；

（4）参照项目的内容不一定全部由政府直接承担，政府可将项目部分内容外包给第三方建设或运营，但外包成本计入参照项目成本；

（5）参照项目的各项假设和特征在计算全过程中保持不变。

（二）计算初始 PSC 值

初始 PSC 值 =（建设成本 - 资本性收益）+（运营维护成本 - 第三方收入）+ 其他成本

其中：

（1）建设成本，主要包括项目设计、施工、升级、改造、大修等方面投入的现金以及固定资产、土地使用权等实物和无形资产的价值。

（2）资本性收益，是指参照项目全生命周期内产生的转让、租赁或处置资产所获得的收益。资本性收益应从建设成本中抵减。

（3）运营维护成本，主要包括参照项目全生命周期内运营维护所需的原材料、设备、人工等成本，以及管理费用、销售费用和运营期财务费用等。项目资产的升级、改造、大修费用不属于运营维护成本，应计入建设成本。

（4）第三方收入，是指参照项目全生命周期内，假定政府按照 PPP 模式提供项目基础设施和公共服务从第三方获得的收入（如用户付费收入）。第三方收入应从运营维护成本中抵减。参照项目中假定政府向用户收取费用的，该项收入（即用户付费收入）不得高于 PPP 模式下社会资本收取的使用者付费 + 项目收费收入。

（5）其他成本，主要包括未纳入建设成本的咨询服务费用等交易成本、项目连接设施和配套工程建设成本，以及为获取第三方收入所提供的周边土地或商业开发收益权等。

（三）竞争性中立调整值

竞争性中立调整值是为了消除政府传统采购模式下公共部门相对社会资本所具有的竞争优势，主要包括政府比社会资本少支出的土地费用、行政审批费用、所得税等有关税费。

（四）风险承担成本

项目全部风险承担成本包括可转移给社会资本的风险承担成本和政府自留风险承担成本。可转移风险是指所有转移给社会投资的风险总价值，自留风险是指所有未能转移给社会投资的风险价值。风险控制的最优原则是将风险分配给能够以最小成本管理它的一方，因此政府部门投资建设项目的风险成本应该反映在 PSC 值中。通过风险识别、风险结果评价、风险概率评价、偶然因素评价等步骤量化风险价值，并对 PSC 进行风险调整。

风险承担支出计算方法包含比例法、情景分析法和概率法。

比例法主要是按照项目建设运营成本的一定比例确定风险承担成本，适用于风险后果值和风险概率难以测算的情形。具体测算公式如下：

$$风险承担成本 = 项目建设运营成本 \times 风险承担成本比例$$

本项目采用概率法计算风险承担支出，并将风险后果类型划分为有利、基本有利、不利、较差和最坏五种情景。风险承担的计算公式为每种情景风险后果值与该情景发生概率乘积的加总值。

$$风险承担成本 = \sum（某情景风险后果值 \times 某情景发生概率）$$

情景设定参考如表 5－1 所示。

表 5－1　情景设定参考

情景假设	风险后果	发生概率
有利	成本节约 5% 以上	5%
基本有利	成本节约 5%～成本超支 5%	10%
不利	成本超支 5%～15%	50%
较差	成本超支 15%～25%	25%
最坏	成本超支 25% 以上	10%

根据项目实施方案的风险分配框架评估政府与社会资本的风险分担比例，测算可转移风险承担成本和自留风险承担成本。通常风险承担成本不超过项目建设运营成本的 20%，可转移风险承担成本占项目全部风险承担成本的比例一般为 70%～85%。

（五）折现率

折现率是指将未来有限期预期收益折算成现值的比率。折现率通常参考资本加权平均成本、资本资产定价或无风险利率等确定。省级财政部门应会同行业主管部门根据行业、项目类型等因素确定基准折现率。依据财政部《政府和社会资本合作项目财政承受能力论证指引》（财金〔2015〕721 号）第七条：“年度折现率应考虑财政补贴支出发生年份，并参照同期地方政府债券收益率合理确定。”

本项目属于水力发电行业，根据《建设项目经济评价方法与参数（第三版）》，折现率定为 8%。

三、PPP 值计算步骤及结果

（一）政府建设成本

政府建设成本包括政府以现金、固定资产或土地使用权等方式对项目设计、建设进行的投资补助。

本项目的资本金为 502 427 万元［其中中央投资 301 450 万元，省投资 100 492 万元（含移民长补投资 12 788 万元），企业资本金 100 485 万元］，占工程静态总投资 597 121 万元的 84.14%。工程分年度投资及政府方分年度投资具体见表 5－2。

表 5-2　工程建设分年度投资

年份	2015	2016	2017	2018	2019	2020	合计
比例/%	12	23	20	17	18	10	100
投资/万元	69 844	134 504	118 300	102 011	108 913	63 549	597 121

根据财务模型中政府资本金占全部资本金的 80% 可知政府建设成本的净现值为 370 438. 69 万元。

表 5-3　政府方工程建设期内分年度所需承担投资

年份	2015	2016	2017	2018	2019	2020	合计
政府方投资/万元	55 875. 20	107 603. 20	94 640. 00	81 608. 80	87 130. 40	50 839. 20	477 696. 80

（二）资本性收益

资本性收益是指项目全生命周期内产生的转让、租赁或处置资产所获的收益。资本性收益应从建设成本中抵减。

运营期第 35 年期末固定资产为 0 元。该项费用净现值为 0 元。

（三）政府运营维护成本

政府运营维护成本包括政府向社会资本支付的运营维护费、财政补贴等。

根据财务模型测算，35 年的特许经营期政府每年的财政补贴额为 6 298. 61 万元，则政府运营维护成本的净现值为 46 259. 23 万元。

（四）第三方收入

第三方收入是指项目全生命周期内，因提供项目基础设施及公共服务而从第三方获得的收入（如使用者付费）。第三方收入应从政府运营维护成本中抵减。

本项目的收入来源主要为发电电费收入。

运行期第一年至第五年财务收入为 17 477 万元，运行期第六年以后财务收入为 19 336 万元。

则该项收入的净现值为 137 333. 89 万元。

（五）政府其他成本

政府其他成本通常包括政府承担的未纳入建设成本的咨询服务费用、市场测试费用、社会资本未中选补偿金、移交补偿款等交易成本、政府负责的连接设施和配套工程建设成本、政府授予社会资本的项目周边土地或商业开发收益权、政府向社会资本提供的贷款贴息。由于本项目属于准公益性项目，故政府在项目公司中不参与股利的分配，放弃的股利不作为政府的其他成本考虑。

（六）政府自留风险承担成本

政府自留风险承担成本，一般包括政府因承担法律、政策等自留风险所支出的成本。在 PPP 模式下各类风险因素较多，有社会资本方承担的风险，有政府承担的风险，也有双方共担的风险。本项目风险包括社会资本方承担的风险、政府方承担的风险以及双方共担的风险，总的来说政府需要承担部分风险。

如表 5－4 所示，本项目全部风险承担成本为 608 526.29 万元，可转移风险承担成本 425 968.40 万元，政府自留风险承担成本 182 557.89 万元。

表 5－4　风险承担分配

风险承担成本/万元	608 526.29
可转移风险承担成本/万元	425 968.40
自留风险承担成本/万元	182 557.89

综上：

PPPs 值＝影子报价政府建设运营成本＋政府自留风险承担成本

＝(政府建设成本－政府资本额资本性收益)＋(政府运营维护成本－政府资本第三方收入)＋其他成本＋政府自留风险承担成本

＝(370 438.69－0)＋(46 259.23－137 333.89)＋0＋182 557.89

＝461 948.65（万元）

四、PSC 值计算步骤及结果

（一）建设成本

建设成本主要包括项目设计、施工等方面投入的现金以及固定资产、土地使用权等实物和无形资产。工程静态投资为 597 121 万元。工程分年度投资如表 5－5。

表 5－5　工程建设分年度投资

年份	2015	2016	2017	2018	2019	2020	合计
比例	12%	23%	20%	17%	18%	10%	100%
投资/万元	69 844	134 504	118 300	102 011	108 913	63 549	597 121

建设成本净现值为 463 048.36 万元。

（二）资本性收益

资本性收益是指参照项目全生命周期内产生的转让、租赁或处置资产所获得的收益。资本性收益应从建设成本中抵减。

根据实施方案和财务测算的设定，本项目固定资产跟折旧年限 35 年保持一致，期末固定资产净值为 0。所以资本性收益的净现值为 0。

（三）运营维护成本

运营维护成本主要包括参照项目全生命周期内运营维护所需的原材料、设备、人工等成本，以及管理费用、销售费用和运营期财务费用等。项目资产的升级、改造、大修费用不属于运营维护成本，应计入建设成本。

运营成本及管理费等其他费用详见表 5 – 6 所示。

表 5 – 6　运营成本计算表

序号	成本项目	本次计算基数		费率	费用/万元
		发电	防洪		
1	材料费	100 000kW · h	固定资产原值 88 760. 29 万元	发电 2 元/kW； 防洪供水 0. 1%	308. 76
2	燃料及动力费	固定资产原值 379 194. 41 万元		0. 10%	379. 19
3	修理费	固定资产原值 379 194. 41 万元		0. 60%	2 275. 17
4	职工薪酬	人均年基本工资 36 000 元， 工程管理人员 141 人		162%	822. 31
5	管理费	职工薪酬 822. 31 万元		1 倍	822. 31
6	库区资金	上网电量 37 185 万 kW · h		0.008 元/(kW · h)	297. 48
7	水资源费	年有效发电量 37 944. 23 万 kW · h		0.007 元/(kW · h)	265. 61
8	其他费用	10 万 kW	第 1 ～ 4 项之和	发电 8 元/kW； 防洪供水 10%	351. 83
9	固定资产保险费	固定资产原值 379 194. 41 万元		0. 05%	189. 60
经营成本合计		5 712. 27 万元			

经营成本净现值为 41 952. 94 万元。

财务费用：偿还贷款按等额本息计算，贷款偿还期为 20 年，根据财务模型测算的结果，财务费用净现值为 37 115. 66 万元。

故运营维护成本的净现值为 79 068. 60 万元。

（四）第三方收入

本项目的收入来源主要为发电电费收入。

运行期第一年至第五年财务收入为 17 477 万元，运行期第六年以后财务收入为 19 336 万元。

则第三方收入的净现值为137 333.89万元。

（五）其他成本

主要包括未纳入建设成本的咨询服务费用等交易成本、项目连接设施和配套工程建设成本，以及为获取第三方收入所提供的周边土地或商业开发收益权等。本项目没有其他成本。

（六）竞争性中立调整值

竞争性中立调整值主要是采用政府传统投资方式比采用PPP模式实施项目少支出的费用，通常包括政府比社会资本少支出的土地费用、行政审批费用、所得税等有关税费。

计算竞争性中立调整值主要是为了消除政府在传统采购模式下公共部门相对社会资本所具有的竞争优势，以保障在物有所值定量分析中政府和社会资本能够在公平基础上进行比较。

韩江高陂水利枢纽工程征地移民资金来源于省财政资金，且由高陂建设管理处委托地方政府负责实施，因此工程土地使用权为高陂建设管理处所有，而不是投资人组建的项目公司所有。因此需要政府作出土地以名义价格租赁给项目公司的承诺，否则其上建筑物无法形成项目资产，从而影响BOT项目公司的良性运行。

基于上述状况，政府在此项中相较于社会资本成本优势不明显，故竞争性中立调整值为零。

（七）风险承担成本

本项目采用概率法计算风险承担成本。概率法通过设定有利、基本、不利、较差、最坏等不同情景下的风险后果值对每种情景的发生概率进行测算，加权得出风险承担成本。计算公式如下：

$$风险承担成本 = \sum（某情景风险后果值 \times 某情景发生概率）$$

结果如表5－7所示。

表5－7　概率法测算成本值

情景假设	风险后果	发生概率	成本值/万元
有利	经营成本节约了5%	5%	512 374.72
基本	经营成本不变	10%	542 116.96
不利	经营成本超支5%	50%	593 275.99
较差	经营成本超支15%	25%	647 210.17
最坏	经营成本超支25%	10%	674 177.27

可转移风险承担成本占全部风险承担成本的70%，自留风险承担成本占全部风险承担成本的30%。根据财政部《政府和社会资本合作项目物有所值评价指引（试行）》中相关规定：通常风险承担成本不超过项目建设运营成本的20%，可转移风险承担成本占项目全部风险承担成本的比例一般为70%～85%。

PSC 计算过程：

PSC 值 =（建设成本 - 资本性收益）+（运营维护成本 - 第三方收入）+ 其他成本 + 竞争性中立调整值 + 可转移风险承担成本 + 自留风险承担成本

=（463 048.36 - 0）+（79 068.60 - 137 333.89）+ 0 + 0 + 425 968.40 + 182 557.88

= 1 013 309.36（万元）

五、物有所值量计算

物有所值定量分析的结果通常以物有所值量或物有所值指数的形式表示。

物有所值量 = PSC 值 - PPP 值

物有所值指数 =（PSC 值 - PPP 值）÷ PSC 值 × 100%

计算结果如表 5 - 8 所示。

表 5 - 8　物有所值指标

指标	数值
PSC	1 013 309.362 万元
PPPs	420 127.57 万元
物有所值量值	593 181.79 万元
物有所值指数	58.54%

根据物有所值评价要求，当物有所值评价量值和指数为正，说明项目适宜采用 PPP 模式，否则不宜采用 PPP 模式。物有所值量值和指数越大，说明 PPP 模式替代传统采购模式实现的价值越大。

本项目物有所值量值和指数均为正。通过物有所值论证，该项目适宜采用 PPP 模式。

第四节　物有所值定性评价

物有所值定性分析重点关注项目采用 PPP 模式与采用政府传统投资和采购模式相比能否增加公共供给、优化风险分配、提高效率、促进创新和公平竞争、有效落实政府采购政策等。

一、基本评价指标

项目物有所值定性分析指标主要可分为基本指标和附加指标。《PPP 物有所值评价指引》（财金〔2015〕167 号）规定，在各项评价指标中，六项基本评价指标权重为 80%，其中任一指标权重一般不超过 20%；补充评价指标权重为 20%，其中任一指标权重一般不超过 10%。

基本指标主要有 6 个，分别是全生命周期整合潜力（权重 15%）、风险识别与分配（权重 15%）、绩效导向（权重 15%）、潜在竞争程度（权重 15%）、鼓励创新（权重 10%）和政府机构能力（10%）。附加指标包括项目规模（权重 6%）、资产利用及收益（7%）和融资可行性（7%）。

项目本级财政部门会同行业主管部门根据项目具体情况，在专家评分表（表 5－9）中已给定的基本指标及其权重基础上，组织确定不少于三项附加指标及其权重。附加指标可以从推荐的附加指标中选取，也可以另行提出，但不可与基本指标重复。附加指标权重之和 20%。每项指标评分分为五个等级，即有利、较有利、一般、较不利、不利，对应分值分别为 100 ～ 81、80 ～ 61、60 ～ 41、40 ～ 21、20 ～ 0 分。

表 5－9　项目物有所值定性分析专家评分表

指标		权重	评分	加权分
基本指标	①全生命周期整合潜力	15%		
	②风险识别与分配	15%		
	③绩效导向	15%		
	④潜在竞争程度	15%		
	⑤鼓励创新	10%		
	⑥政府机构能力	10%		
	基本指标小计	80%		
附加指标	⑦项目规模	6%		
	⑧资产利用及收益	7%		
	⑨融资可行性	7%		
	附加指标小计	20%		
加权总分		100%		

（1）全生命周期整合潜力。主要通过查看项目计划整合全生命周期各环节的情况来评分。采用 PPP 模式将项目的设计、建造、融资、运营和维护等全生命

周期环节整合起来，通过一个长期合同全部交由社会资本合作方实施，是实现物有所值的重要机理。

（2）风险识别与分配。主要通过查看项目识别阶段对项目风险的认识情况来评分。清晰识别和优化分配风险是物有所值的一个主要驱动因素。在项目识别阶段的物有所值评价工作开始前着手风险识别工作有利于在后续工作实现风险分配优化。

（3）绩效导向。本指标主要通过查看在项目识别阶段项目绩效指标的设置情况来评分。PPP 项目的绩效指标，特别是关键绩效指标，主要确定对 PPP 项目运营维护和产出进行检测的要求和标准，例如针对公共产品和服务的数量和质量（或可用性）等。绩效指标越符合项目具体情况，越全面合理，越清晰明确，则绩效导向程度越高。

（4）潜在竞争程度。主要通过查看项目将引起社会资本（或其联合体）之间竞争的潜力以及预计在随后的项目准备、采购等阶段是否能够采取促进竞争的措施等来评分。

（5）鼓励创新。主要通过查看项目产出说明来评分。一般来讲，产出说明主要规定社会资本合作方应付产出的规格要求，尽可能不对项目的投入和社会资本合作方具体实施等如何交付问题提出要求，从而为社会资本合作方提供创新机会。

（6）政府机构能力。主要通过查看政府的 PPP 理念，以及结合项目具体情况查看相关政府部门及机构的 PPP 能力等来评分。PPP 理念主要包括依法依合同平等合作、风险分担、全生命周期绩效管理等，PPP 不仅是基础设施及公共服务融资手段，更是转变政府职能建立现代财政制度等的重要手段。政府的 PPP 能力主要包括知识、技能和经验等，还包括通过购买服务获得的能力。

二、附加指标说明

（1）项目规模。主要依据项目的投资额或资产价值来评分。PPP 项目的准备、论证、采购等前期环节的费用较大。只有项目规模足够大才能使这些前期费用占项目全生命周期成本的比例处于合理和较低水平。此外，一般情况下，基础设施及公共服务项目的规模较大时才能够采用 PPP 模式吸引社会资本参与。

（2）资产利用及收益。主要通过预计社会资本合作方增加额外收入的可能程度来评分。社会资本合作方通过实施项目，在满足公共需求的前提下，增加额外收入，可以降低政府的成本和公众的支出。

（3）融资可行性。主要通过预计项目对金融机构（贷款和债券市场）的吸引力来评分。吸引力越大，项目越具有融资可行性，越能够顺利完成融资交割和较快进入建设、运营阶段，较快增加基础设施及公共服务供给的可能性就越大。

三、物有所值定性评价评分结果

物有所值定性分析通过组成不少于7名物有所值评价专家的专家小组。（专家名单见表5-10）确定组长，其中至少包括工程技术、金融、项目管理、财政和法律专家各一名进行评分。专家小组按照指标并参考评分标准对项目进行评分（表5-11）。在专家评分中，去掉一个最高分，去掉一个最低分，再计算平均分作为评分结果，形成专家小组意见。项目本级财政部门会同行业主管部门根据评分结果和专家小组意见做出定性决定。原则上，评分结果在60分（含）以上的，项目通过物有所值定性分析；否则不宜采用PPP模式。

经过专家评审，本项目评分结果为79.19分（表5-12），通过物有所值定性分析。

表5-10　PPP项目物有所值评价定性分析专家小组名单

	职务	专业领域
专家1	高级工程师	环境工程
专家2	高级工程师	理论电工
专家3	高级工程师	土木工程
专家4	高级工程师	环境工程
专家5	高级经济师	工程经济管理
专家6	高级经济师	会计
专家7	执业律师	法律

表5-11　PPP项目物有所值定性分析专家评分表

指标		权重	评分						
			专家1	专家2	专家3	专家4	专家5	专家6	专家7
基本指标	①全生命周期整合潜力	15%	76	75	78	78	70	70	72
	②风险识别与分配	15%	84	92	88	83	90	85	88
	③绩效导向	15%	78	72	69	71	75	71	70
	④潜在竞争程度	15%	72	68	74	62	65	68	70
	⑤鼓励创新	10%	86	86	88	83	85	82	88
	⑥政府机构能力	10%	88	83	75	80	75	75	72
	基本指标加权小计	80%	63.9	62.95	62.65	60.4	61	59.8	61

续上表

指标		权重	评分						
			专家1	专家2	专家3	专家4	专家5	专家6	专家7
附加指标	⑦项目规模	6%	84	95	85	91	90	83	90
	⑧资产利用及收益	7%	86	88	89	83	85	81	92
	⑨融资可行性	7%	88	90	90	95	95	82	88
	附加指标加权小计	20%	17.22	18.16	17.63	17.92	18	16.39	18
加权总分		100%	81.12	81.11	80.28	78.32	79	76.19	79

表 5－12　PPP 项目物有所值定性分析评分结果计算表

指标		权重 A	总分 B	最高分 C	最低分 D	平均分 $E=\dfrac{B-C-D}{专家数-2}$	加权分 $F=E\times A$
基本指标	①全生命周期整合潜力	15%	519	78	70	74.2	11.13
	②风险识别与分配	15%	610	92	83	87	13.05
	③绩效导向	15%	506	78	69	71.8	10.77
	④潜在竞争程度	15%	479	74	62	68.6	10.29
	⑤鼓励创新	10%	598	88	82	85.6	8.56
	⑥政府机构能力	10%	548	88	72	77.6	7.76
	基本指标小计	80%	—	—	—	—	—
附加指标	⑦项目规模	6%	618	95	83	88	5.28
	⑧资产利用及收益	7%	604	92	81	86.2	6.304
	⑨融资可行性	7%	628	95	82	90.2	6.314
	附加指标小计	20%	—	—	—	—	—
加权总分		100%	—	—	—	—	79.188

第六章　韩江高陂水利枢纽工程 PPP 项目财政承受能力论证

本章概述财政承受能力论证，简述 PPP 项目全生命周期不同阶段的支出责任识别，针对韩江高陂水利枢纽工程 PPP 项目，分析该项目的支出测算，介绍其财政可承受能力评估结论。

第一节　财政承受能力论证概述

一、财政承受能力论证内涵

为了加强 PPP 项目风险管理，确保财政中长期可持续性，财政部门识别和测算单个项目的财政支出责任后，汇总年度全部已实施和拟实施的 PPP 项目进行财政承受能力评估。2014 年 11 月，财政部印发《政府和社会资本合作模式操作指南（试行）》（财金〔2014〕113 号），要求财政部门根据项目全生命周期内的财政支出、政府债务等因素对部分政府付费或政府补贴的项目开展财政承受能力论证，每年政府付费或政府补贴等财政支出不得超出当年财政收入的一定比例。通过物有所值评价和财政承受能力论证的项目才可以开展项目准备等一系列后续管理，否则该项目就不适合采用 PPP 模式。2015 年 4 月，财政部印发《政府和社会资本合作项目财政承受能力论证指引》（财金〔2015〕21 号），在识别 PPP 项目全生命周期过程股权投资、运营补贴、风险承担、配套投入等财政支出责任的基础上进一步规定："每一年度全部 PPP 项目需要从预算中安排的支出责任，占一般公共预算支出比例应当不超过 10%。"这属于财政支出能力评估。除此之外，PPP 项目财政承受能力论证还应开展行业和领域平衡性评估，防止某一行业或领域 PPP 项目过于集中。

根据《政府和社会资本合作项目财政承受能力论证指引》（财金〔2015〕21 号），财政承受能力论证是指识别、测算 PPP 项目的各项财政支出责任，科学评估项目实施对当前及今后年度财政支出的影响，为 PPP 项目财政管理提供依据。开展 PPP 项目财政承受能力论证，是政府履行合同义务的重要保障，有利于规范

PPP 项目财政支出管理，有序推进项目实施，有效防范和控制财政风险，实现 PPP 可持续发展。

国家大力推动 PPP 模式以来，实践中个别地方从政府性基金预算、国有资本经营预算安排 PPP 项目运营补贴支出等，试图逃避 PPP 项目财政承受能力论证的监管，扩大了地方 PPP 项目财政风险。为此，2019 年 3 月，财政部印发《关于推进政府和社会资本合作规范发展的实施意见》（财金〔2019〕10 号），进一步严格要求“新签约项目不得从政府性基金预算、国有资本经营预算安排 PPP 项目运营补贴支出”，及时堵住风险漏洞。

二、财政承受能力论证的主要依据文件

本项目财政承受能力论证主要法律政策依据包括：

①《中华人民共和国预算法》；

②《国务院关于加强地方政府性债务管理的意见》（国发〔2014〕43 号）；

③《国务院关于深化预算管理制度改革的决定》（国发〔2014〕45 号）；

④《国务院关于创新重点领域投融资机制鼓励社会投资的指导意见》（国发〔2014〕60 号）；

⑤《基础设施和公用事业特许经营管理办法》（2015 年第 25 号令）；

⑥《财政部关于推广运用政府和社会资本合作模式有关问题的通知》（财金〔2014〕76 号）；

⑦《政府和社会资本合作模式操作指南（试行）》（财金〔2014〕113 号）；

⑧关于印发《政府和社会资本合作项目财政管理暂行办法》的通知（财金〔2016〕92 号）；

⑨《政府和社会资本合作项目财政承受能力论证指引》（财金〔2015〕21 号）。

三、财政承受能力论证流程

根据《政府和社会资本合作项目财政承受能力论证指引》（财金〔2015〕21 号），财政承受能力论证首先是识别支出责任，然后进行支出测算。在前两者基础上进行财政承受能力评估，评估之后向社会进行信息披露。具体工作流程如图 6－1 所示。

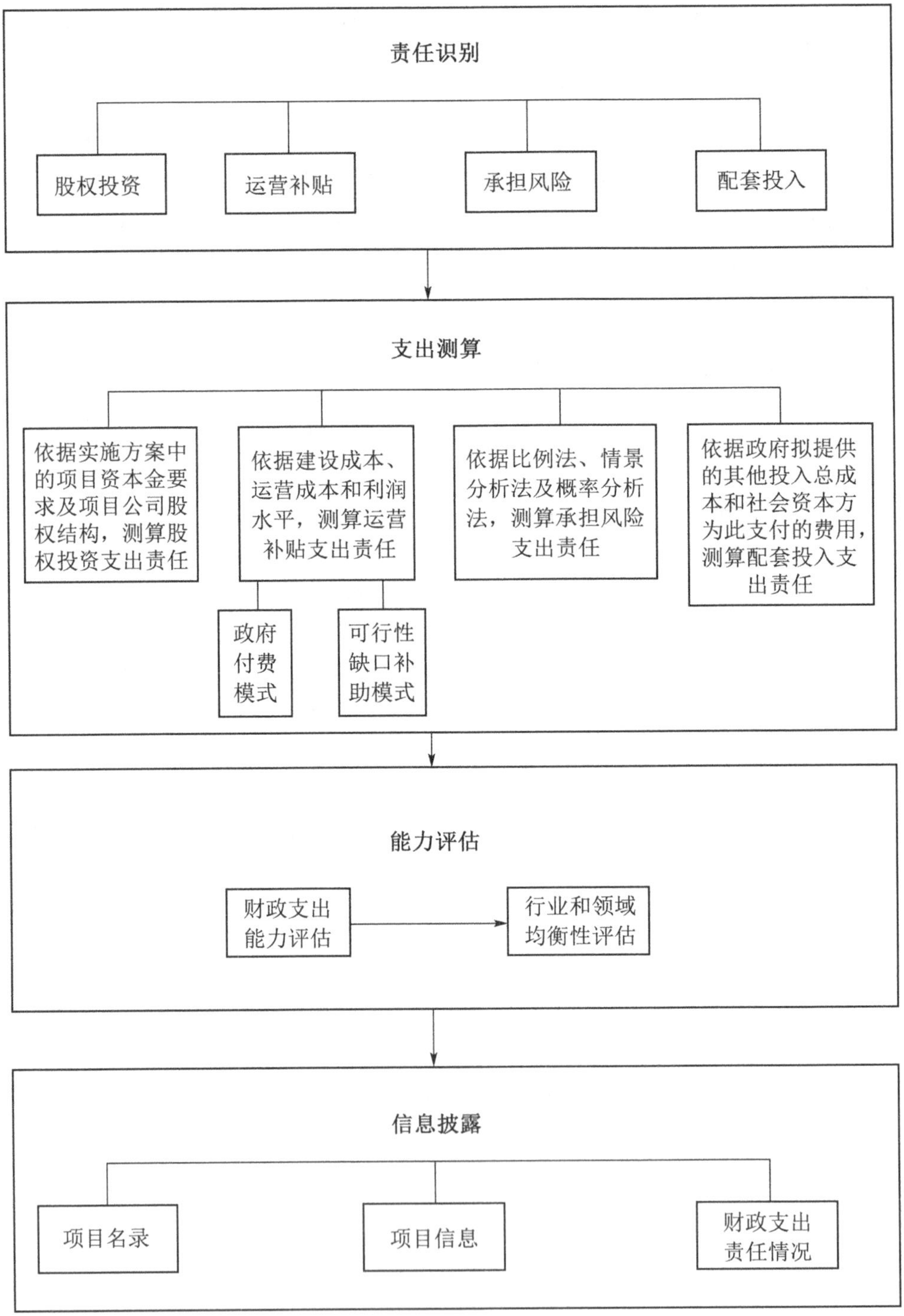

图 6－1　PPP 项目财政承受能力论证工作流程

第二节　支出责任识别

在 PPP 项目全生命周期的不同阶段，对应政府承担的不同义务，财政支出责任主要包括股权投资、运营补贴、风险承担和配套投入。

（1）股权投资支出责任。股权投资支出责任是指在政府与社会资本共同组建项目公司的情况下，政府承担的股权投资支出责任。如果社会资本单独组建项目公司，则政府不承担股权投资支出责任。本项目资本金来源中政府方资本金投资来源于中央专项资金补贴和广东省级资本金投资。根据《广东省韩江高陂水利枢纽工程引进社会资本参与建设运营实施方案》（下简称“实施方案”），广东省政府承担相应股权投资责任。

（2）运营补贴支出责任。运营补贴支出责任是指在项目运营期间，政府承担的直接付费责任。不同付费模式下，政府承担的运营补贴支出责任不同。政府付费模式下，政府承担全部运营补贴支出责任；可行性缺口补助模式下，政府承担部分运营补贴支出责任；使用者付费模式下，政府不承担运营补贴支出责任。根据“实施方案”，本项目采取可行性缺口补助模式，广东省政府承担的运营补贴支出责任仅为项目运营期的可行性缺口补贴和临时淹没补偿基金之和。

（3）风险承担支出责任。风险承担支出责任是指项目实施方案中政府承担风险带来的财政或有支出责任。通常由政府承担的法律风险、政策风险、最低需求风险以及因政府方原因导致项目合同终止等突发情况会产生财政或有支出责任。根据“实施方案”，本项目测算时综合考虑各类支出责任的特点、情景和发生概率等因素，对项目全生命周期内财政支出责任分别进行测算。本项目主要考虑项目公司经营成本增加给广东省政府带来的风险承担支出。

（4）配套投入支出责任。配套投入支出责任是指政府提供的项目配套工程等其他投入责任，通常包括土地征收和整理、建设部分项目配套措施、完成项目与现有相关基础设施和公用事业的对接、投资补助、贷款贴息等。配套投入支出应依据项目实施方案合理确定。根据“实施方案”，本项目不承担现金配套投入支出。

第三节　支出测算

本项目全生命周期过程的财政支出责任，主要包括股权投资、政府可行性缺口补贴、风险承担、配套投入等。

（1）股权投资支出。本项目中，广东省政府所承担股权支出责任总额为所需投资资本金总额，即为100 491.6万元（省级87 704万元，移民长补基金12 788万元），在建设期内完成投资。

建设期内各年度所需承担股权支出责任如表6－1所示。

表6－1　广东省政府股权支出责任明细

（单位：万元）

年份	2015	2016	2017	2018	2019	2020
股权支出责任	11 754.34	22 636.21	19 909.11	17 167.73	18 329.34	10 694.86

（2）政府承担运营补贴支出。本项目中广东省政府需要承担的运营补贴支出责任为运营期可行性缺口补贴与临时淹没补偿基金补贴之和。

运营期可行性缺口补贴＝当年省级财政补贴＋当年临时淹没补偿基金补贴－当年项目公司向政府方分红

运营期内广东省每年对项目公司可行性缺口补贴为5 478.34万元，临时淹没补偿基金补贴为820.27万元。因此，广东省政府运营期内承担的运营补贴支出责任为每年6 298.61万元。

（3）风险承担支出。

$$风险承担成本 = \sum（某情景风险后果值 \times 某情景发生概率）$$

表6－2　情景分析法概率分布

情景假设	风险后果	发生概率
有利	经营成本节约了5%	5%
基本	经营成本不变	10%
不利	经营成本超支5%	50%
较差	经营成本超支15%	25%
最坏	经营成本超支25%	10%

可转移风险承担成本占全部风险承担成本的70%，自留风险承担成本占全部风险承担成本的30%。

根据上述条件，特许经营期内，广东省政府每年所承担的风险承担支出责任为484.84万元。

（4）配套投入支出。本项目不承担配套投入支出。

（5）政府支出责任汇总。通过以上测算，本项目生命周期内（含建设期和特许经营期）广东省政府每年的支出责任见表 6－3。

表 6－3　项目生命周期内政府年度支出责任

（单位：万元）

年份	建设期						特许经营期
	2015	2016	2017	2018	2019	2020	2021—2055
政府年度支出责任	11 754. 34	22 636. 21	19 909. 11	17 167. 73	18 329. 34	10 694. 86	6 783. 45

第四节　财政可承受能力评估结论

为了预测广东省 2015—2034 年的一般公共预算支出，首先对广东省近五年的经济和财政运行趋势进行分析。从表 6－4 可以看出，近五年广东省的 GDP、地方公共财政预算收入和地方公共财政预算支出均保持了较高的增长态势，GDP 的年均增长率达到 10. 17%，地方公共预算收入的年均增长率达到 15. 59%，地方公共财政预算支出年均增长率为 13. 97%。从增长的趋势来看，广东省地方公共财政预算支出的增长率大致呈现下降的趋势，增速趋于放缓，2014 年广东省地方公共财政支出增长率为 10. 51%。

表 6－4　2010—2014 年广东省经济运行数据统计

（单位：亿元）

年份	2010	2011	2012	2013	2014	年均增长率
GDP	46 013. 06	53 210. 28	57 067. 92	62 163. 97	67 792. 24	10. 17%
地方公共财政预算收入	4 515. 72	5 513. 70	6 288. 20	7 075. 54	8 060. 06	15. 59%
地方公共财政预算支出	5 414. 76	6 716. 35	7 267. 70	8 266. 78	9 134. 33	13. 97%

注：表中年均增长率均按几何平均法计算得出。

地方公共财政预算支出的增长既会受到公共产品和服务需求的影响，也会受到经济增长和财政收入的影响。考虑到我国经济经历了 40 多年的高速增长之后将迈入经济增速相对放缓的中高速增长期，因此在对未来地方公共财政预算支出预测的时候采取变动的增长率进行预测，2015—2020 年预期公共财政支出将仍保持较高速度的增长，因此将增长率定为 9%；2021—2034 年公共财政支出增长率迈入中速增长阶段，增长率定为 6%；2035 年及之后公共财政支出增长将再次放缓，增长率定为 3%。具体增长率预测见表 6－5。

表 6－5　地方公共财政年均增长率预测

年份	2015—2020	2021—2034	2035
地方公共财政预算支出年均增长率	9%	6%	3%

根据以上增长率测算得到的广东省 2015—2034 年的地方公共财政预算支出如下表 6－6 所示。

表 6－6　2015—2034 年广东省地方公共财政预算支出估算

（单位：亿元）

年份	2015	2016	2017	2018	2019	2020	2021	2022	2023	2024
地方公共财政预算支出	9 956.42	10 852.50	11 829.22	12 893.85	14 054.30	15 319.19	16 238.34	17 212.64	18 245.40	19 340.12
年份	2025	2026	2027	2028	2029	2030	2031	2032	2033	2034
地方公共财政预算支出	20 500.53	21 730.56	23 034.39	24 416.45	25 881.44	27 434.33	29 080.39	30 825.21	32 674.72	34 635.21

根据支出测算结果和上述预测数据，结合广东省政府目前每年承担的现有 PPP 项目支出责任，在本项目整个生命周期内，政府承担的 PPP 项目支出责任占地方公共财政支出的比例为 0.01%，远低于地方公共财政支出的 10%，随着未来财政增长，政府支出责任占比将进一步降低。

本项目符合国家、省市水利项目和工程的相关政策，是广东省粤东地区单项投资最大、获得中央授资最多的水利工程，也是广东省第一宗由省级政府牵头完成前期工作后，交由属地政府组织建设管理的重大水利工程，还是国家首批采用 PPP 模式引入社会资本投资建设的 12 宗试点项目之一。为广东省建立完善重大水利工程建设管理机制和多渠道筹措建设资金，积累了可推广、可复制的成功经验。

从社会效益来看，工程建成后，通过上下游堤库结合，可将韩江下游及三角洲地区的城市防洪标准由 50 年一遇提高至百年一遇，主要堤围由 30 年一遇提高至 50 年一遇，保护范围惠及梅州、揭阳、潮州、汕头约 850 平方公里、人口约 625 万人等；通过枢纽的调蓄作用，可提高韩江下游地区的供水保证率，缓解水资源供需矛盾，惠及人口约 750 万人，同时可改善韩江干流的航运条件和河道生态环境。同时，韩江高陂地区是粤东革命老区，工程的建设可推动地区经济发展，具有较大的社会效益和经济效益。本项目对提升库区防洪、灌溉、开发区域旅游具有十分重要的意义。

基于对广东省财政预算支出趋势和领域平衡的分析，按照财政部的《政府与社会资本合作财政承受能力论证指引》的要求，韩江高陂水利枢纽工程 PPP 项目的政府支出责任符合占一般预算支出的比例要求（低于 10%）。同时，本地区还未有类似的 PPP 项目实施，不存在 PPP 项目过于集中的情况，且能满足社会公众对项目所实现效益的迫切需求。

综上所述，本项目采用 PPP 模式适用水利行业领域范围，符合经济社会发展需要和公众对公共服务的需求。项目具有唯一性，不存在重复投资或者集中投资现象。政府补贴较低，不会造成财政压力挤占其他项目 PPP 补贴情况。因此无论从财政实力还是领域平衡的角度出发，本项目均通过财政承受能力论证。

第七章　韩江高陂水利枢纽工程 PPP 项目采购

本章针对韩江高陂水利枢纽工程 PPP 项目，介绍项目的采购流程、项目的招投标，概述本项目的合同体系。

第一节　采购流程

一、采购前的准备

采购前的工作重点是需要对项目进行详尽的分析，明晰项目在初始识别、准备阶段的具体情况，并且要做到熟悉项目各方面的内容和要求。在此过程中，政府、专家、社会资本方、相关供应商、项目咨询机构等都要参与进来，充分发挥各方面专家的作用。政府作为 PPP 项目的顶层设计者和监督管理者，必须坚持发展战略在前，项目开发实施在后的原则，因此要根据地方发展战略对项目进行科学的筛选和合理的排序，要对项目方案中的有关内容进行审查，并且政府也是标准的制定者和审核者，需要对项目立项、手续的齐备性和项目资料的完整性进行严格审核。专家团是政府的智囊团，让专家参与方案讨论可发现项目的不合理性和非科学性，及时修正问题。社会资本方和相关供应商凭借丰富的实践经验可以贡献建设性意见，增加项目可行性。政府、专家、社会资本方和相关供应商充分讨论、集思广益，有利于全面掌握项目建设方案、预算构成、收益及回报和项目运营、执行、移交等过程中的相关内容。另外，政府采购代理机构可以办理 PPP 项目采购事宜，如果 PPP 项目咨询服务机构是从事 PPP 项目采购业务的，应当按照政府采购代理机构管理的有关要求及时进行网上登记。

韩江高陂水利枢纽工程 PPP 项目前期工作较为曲折，主要是因为 PPP 项目在实施流程政策规定过程中从不清晰到逐渐明确经历了一段时间。2012 年 4 月，广东省水利厅作为项目发起人启动了高陂水利枢纽工程 PPP 项目前期研究和论证工作，委托广东省水电力勘测设计研究院和河海大学共同对 PPP 实施方案进行研究论证，并作为专题纳入项目可行性研究报告报国家发改委审批。但直到 2014

年，财政部和国家发改委开始颁布相关 PPP 项目实施流程政策规定，韩江高陂水利枢纽工程 PPP 项目实施流程政策规定才比较明确，因此韩江高陂水利枢纽工程 PPP 项目前期工作是按照发改委和财政部门相关规定并行开展的。

2014 年 12 月，国家发改委对相关部委及各省、市发出《国家发展改革委办公厅关于征求鼓励和引导社会资本参与重大水利工程建设运营实施意见及试点工作方案意见的函》（发改办农经〔2014〕3002 号），要求各省、市推荐上报符合条件的项目。广东省发改委经遴选后推荐高陂水利枢纽工程作为国家层面的试点项目上报省政府（粤发改农经〔2014〕846 号）。2015 年 1 月 10 日，省政府批准同意上报国家发改委，并要求省发改委会同省财政厅、水利厅积极跟进，争取支持。2015 年 5 月，国家发改委、财政部、水利部共同确定"广东韩江高陂水利枢纽"为国家层面联系的社会资本参与重大水利工程建设运营的第一批试点项目（发改办农经〔2015〕1274 号）。

通过 PPP 试点项目的推荐及确认之后，省级层面建立 PPP 项目实施方案跨部门联审机制。2015 年 4 月，广东省水利厅会同广东省发改委、广东省财政厅和梅州市人民政府委托江河水利咨询中心、广东省水电力勘测设计研究院编制完成《广东省韩江高陂水利枢纽工程引进社会资本参与建设运营试点实施方案》（以下简称 PPP 方案）。经多次征求意见及修改后报请广东省政府同意后，于 2015 年 7 月报国家发改委。同时根据财政部门规定，委托江河水利咨询中心进行项目物有所值评估和财政承受能力论证，上报省财政厅通过审查。政府、专家、社会资本方、咨询服务机构合作，共同完成了高陂 PPP 项目的论证和审批、推荐及确认、实施方案审查等主要前期工作。

二、采购方式的选择

根据财政部《政府和社会资本合作项目政府采购管理办法》（财库〔2014〕215 号）及《政府和社会资本合作项目财政管理暂行办法》（财金〔2016〕92 号），项目实施机构应当优先采用公开招标、竞争性谈判、竞争性磋商等竞争性方式采购社会资本方，鼓励社会资本积极参与、充分竞争。《国家发展改革委传统基础设施领域实施政府和社会资本合作项目工作导则》（发改投资〔2016〕2231 号）和《关于鼓励和引导社会资本参与重大水利工程建设运营的实施意见》（发改农经〔2015〕488 号）等文件规定：水利基础设施 PPP 项目的社会资本选择确定方式包括公开招标、邀请招标、两阶段招标、竞争性谈判等方式。项目实施机构应当根据 PPP 项目的采购需求特点，依法选择适当的采购方式。PPP 项目社会资本方采购方式具体适用条件见表 7－1。

表 7－1　PPP 项目采购方式

采购方式	使用条件
公开招标	公开招标主要适用于核心边界条件和经济技术参数明确、完整、符合国家法律法规和政府采购政策且采购中不作更改的项目
邀请招标	①具有特殊性，只能从有限范围的供应商处采购的；②采用公开招标方式的费用占政府采购项目总价值的比例过大的
竞争性谈判	①招标后没有供应商投标或者没有合格供应商的或者重新招标未能成立的；②技术复杂或者性质特殊，不能确定详细规格或者具体要求的；③采用招标所需的时间不能满足用户紧急需求的；④不能事先计算出价格总额的
竞争性磋商	①政府购买服务项目；②计数复杂或者性质特殊，不能确定详细规格或者具体要求的；③因艺术品采购、专利、专有技术或者服务的时间、数量事先不能确定等原因不能事先计算出价格总额的；④市场竞争不充分的科研项目，以及需要扶持的科技成果转化项目；⑤按照招标投标法及其实施条例必须进行招标的工程建设项目以外的工程建设项目
单一来源采购	①只能从唯一供应商处采购的；②发生了不可预见的紧急情况不能从其他供应商处采购的；③必须保证原有的采购项目一致性或者服务配套的要求，需要继续从原供应商处添购，且添购资金总金额不超过原合同采购金额百分之十的

本项目属于准公益性大型水利枢纽工程，建设规模、建设运营维护内容和标准、总投资等经济技术参数明确，交易结构和运作方式等核心边界条件清楚，与其他采购方式相比较，公开招标方式具有竞争性强、择优率更高的优势。通过公开招标方式，可根据社会资本的经济实力、技术能力方面择优选择实施机构。因此，根据《中华人民共和国招标投标法实施条例》，高陂水利枢纽工程特许权人招标应当采用公开招标方式。

在公开招标阶段，由梅州市政府和广东粤源水利水电工程咨询有限公司共同负责组织编制项目招标文件等采购文件，经省政府审查审批后，面向社会招标。

三、采购程序

1. 资格预审

财政部《政府和社会资本合作项目政府采购管理办法》（财库〔2014〕215 号）第五条规定：“PPP 项目采购应当实行资格预审。项目实施机构应当根据项目需要准备资格预审文件，发布资格预审公告，邀请社会资本和与其合作的金融机构参与资格预审，验证项目能否获得社会资本响应和实现充分竞争。”本项目采用资格预审。资格预审程序详见图 7－1。

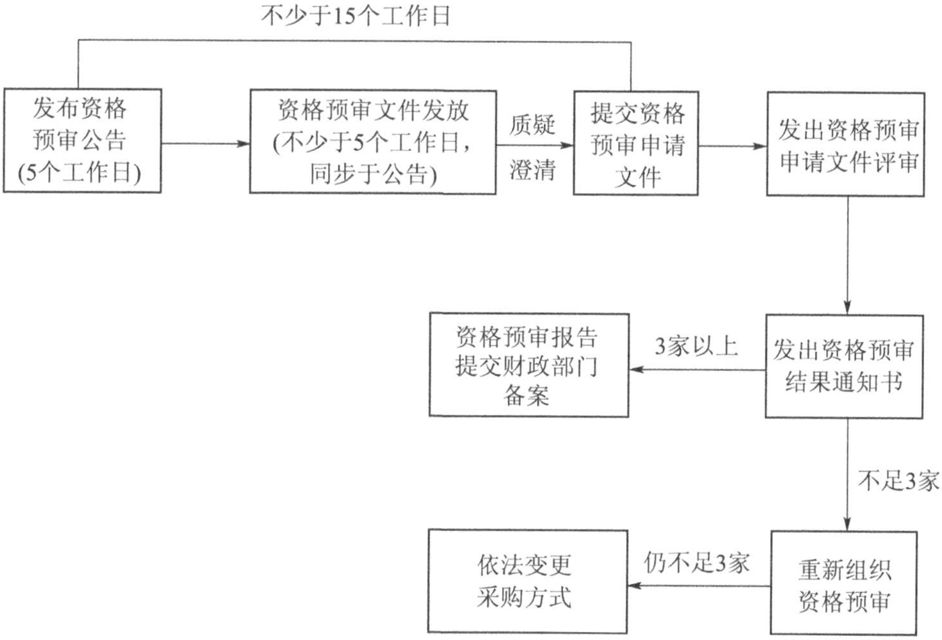

图 7－1　资格预审流程

PPP 项目采购的资格预审和评审工作由项目实施机构和采购代理机构组成的评审小组负责。当资格预审结果出来时，应公布于所有参与资格预审的社会资本方，并提交资格预审报告于财政部门，财政部门（政府和社会资本合作中心）进行备案。

2. 编制项目采购文件

项目采购文件应当包括以下内容：

①采购邀请；

②竞争者须知（包括密封、签署、盖章要求等）；

③竞争者应当提供的资格、资信及业绩证明文件；

④采购方式；

⑤政府对项目实施机构的授权；

⑥实施方案的批复和项目相关审批文件；

⑦采购程序；

⑧响应文件编制要求及提交响应文件截止时间；

⑨开启时间及地点；

⑩保证金交纳数额和形式；

⑪评审方法和评审标准；

⑫政府采购政策要求；

⑬PPP 项目合同草案及其他法律文本，包含项目合同可变的细节；

⑭是否允许未参加资格预审的供应商参与竞争并进行资格后审。

项目采购文件中还应当明确项目合同必须报请本级人民政府审核同意，在获得同意前项目合同不得生效。

3. 发布采购公告

采购文件经过项目实施机构审核并同意之后，应发布采购公告。不同的采购方式应采用对应的采购公告。因此采购公告也分为招标公告、竞争性谈判公告、竞争性磋商公告和单一来源采购公告等几种类型，如表 7－2 所示。

表 7－2　PPP 项目采购公告形式

采购方式	使用采购公告
公开招标	招标公告
邀请招标	招标公告
竞争性谈判	竞争性谈判公告
竞争性磋商	竞争性磋商公告
单一来源采购	单一来源采购公告

PPP 项目采购公告一般包括项目基本情况、对竞争者的资格要求、提交相应文件的地点、截止时间以及保证金缴纳的方式和账户、联系人和联系方式等。PPP 项目采购公告应选择省级及以上财政部门指定的政府采购信息发布媒体。

鉴于本项目采取了公开招标方式，根据相关规定，本次招标公告于 2015 年 10 月 20 日在广州公共资源交易中心发布。

4. 采购文件的发出与获取

采购文件的发出对象是通过资格预审的社会资本。与采购方式相对应，发售或提供的采购文件可分为招标文件、竞争性谈判文件、竞争性磋商文件、单一来源采购文件。采购文件需包括发售时间、地点和售价，并且要遵守中华人民共和国政府采购法实施条例。

5. 现场考察或采购答疑会

为了让社会资本充分了解项目方案，减少对项目方案、采购程序的疑惑，集采机构与项目实施机构有必要组织社会资本现场考察或者召开采购前答疑会。对现场考察和答疑情况进行整理分析后，如果出现需要对项目方案和内容做出适当调整情形，且调整内容涉及项目核心内容，影响到社会资本编制响应文件的，需要向社会资本发出对采购文件的书面澄清或变更通知。

6. 成立评审小组

评审小组由项目实施机构、采购代理机构组建，并且充当资格预审和评审小组的负责人。评审小组的人数和构成有着具体规定，其中评审小组的人数应是5人以上的单数，并且评审专家人数不得少于评审小组成员总数的三分之二。评审专家可以由项目实施机构自行选定，但评审专家至少包含1名财务专家和1名法律专家。而且需要注意，项目实施机构代表不能同时担任评审专家。

7. 投标响应

参加韩江高陂水利枢纽工程 PPP 项目的社会资本，必须按照采购文件规定格式和要求编制响应文件。采用的采购方式不同编制文件也不同，分为投标文件、谈判响应文件、磋商响应文件、单一来源采购响应文件。响应文件提交时间必须依照规定时间向实施机构提交，提交文件资料包括资格证明文件及要求提交的其他相关文件，文件资料如果没有与响应文件一并提交的，那么在采购评审时不得作为评审依据。对于实施机构，应该安排专人负责接受社会资本递交的响应文件。

8. 开标仪式或召开采购会

开标仪式的地点和时间应该在采购公告和文件中有明确规定。如果采购方式是谈判、磋商等，应该举行谈判、磋商采购会。项目实施机构要派代表出席并介绍项目情况，提交了响应文件的社会资本也应派代表参加，现场还必须有纪检、监察等有关监督部门。

韩江高陂水利枢纽工程 PPP 项目按招标文件规定的开标地点由广州公共资源交易中心指定。所有投标人代表、招标人和招标代理人代表、主管部门及行政监督部门代表在广州公共资源交易中心见证下参加开标，分别检查各标书的密封情况、是否按招标文件编写，是否未加盖法人或单位负责人公章，法人代表、单位负责人或授权委托人签名字迹是否存在模糊不清等情况。有上述情况之一则为废标。宣布查验结果之后，招标人应该宣读社会资本的投标报价、报价声明和其他应该宣读的内容。需要注意的是，开标时未公开宣读的报价内容，在项目评审时不得作为评审依据。

9. 采购评审

评审小组进行资格预审和独立评审时应当秉持客观、公正、审慎的原则，遵守资格预审公告和采购文件规定的程序、规范和标准。对于已进行了资格预审的，评审小组在评审阶段可以不必再进行资格审查。允许进行资格后审的，由评审小组在响应文件评审环节对社会资本进行资格审查。

评审小组成员应当在资格预审报告和评审报告上签字，对自己的评审意见承担法律责任。对资格预审报告或者评审报告有异议的，应当在报告上签署不同意见，并说明理由，否则视为同意资格预审报告和评审报告。评审小组发现采购文件内容违反国家有关强制性规定的，应当停止评审并向项目实施机构说明情况。评审专家应当遵守评审工作纪律，不得泄露评审情况和评审中获悉的国家秘密和商业秘密。评审小组在评审过程中发现社会资本有行贿、提供虚假材料或者串通等违法行为的，应当及时向财政部门报告。评审专家在评审过程中受到非法干涉的，应当及时向财政、监察等部门举报。

10. 采购结果确认谈判

项目采购评审结束后，项目实施机构应当成立专门的采购结果确认谈判工作组，负责采购结果确认前的谈判和最终的采购结果确认工作。

采购结果确认谈判工作组成员由项目实施机构确定，但应当至少包括财政预算管理部门、行业主管部门代表以及财务、法律等方面的专家。涉及价格管理、环境保护的 PPP 项目，谈判工作组还应当包括价格管理、环境保护行政执法机关代表。评审小组成员可以作为采购结果确认谈判工作组成员参与采购结果确认谈判。

采购结果确认谈判工作组应当按照评审报告推荐的候选社会资本排名，依次与候选社会资本及与其合作的金融机构就项目合同中可变的细节问题进行项目合同签署前的确认谈判，率先达成一致的候选社会资本即为预中标、成交社会资本。确认谈判不得涉及项目合同中不可谈判的核心条款，不得与排序在前但已终止谈判的社会资本进行重复谈判。

实施机构与预中标、成交社会资本签署采购结果确认谈判备忘录。采购结果确认谈判备忘录应在预中标、成交社会资本确定后 10 个工作日内签署。

韩江高陂水利枢纽工程 PPP 项目的评标委员会推荐 3 名中标候选人，并标明推荐顺序。招标人应当确定评标委员会推荐的第一中标候选人为中标人。排名第一的中标候选人放弃中标、因不可抗力不能履行合同、不按照招标文件要求提交履约保证金，或者被查实存在影响中标结果的违法行为等情形，不符合中标条件的，招标人可以按照评标委员会提出的中标候选人名单排序依次确定其他中标候选人为中标人，或重新招标。

11. 中标、成交结果公示公告

将预中标、成交结果和根据采购文件、响应文件及有关补遗文件和确认谈判备忘录拟定的项目合同文本在省级以上人民政府财政部门指定的政府采购信息发布媒体上进行公示，公示期不得少于5个工作日。项目合同文本应当将预中标、成交社会资本响应文件中的重要承诺和技术文件等作为附件。项目合同文本涉及国家秘密、商业秘密的内容可以不公示。

项目实施机构应当在公示期满无异议后2个工作日内将中标、成交结果在省级以上人民政府财政部门指定的政府采购信息发布媒体上进行公告，同时发出中标、成交通知书。中标、成交结果公告内容应当包括项目实施机构和采购代理机构的名称、地址和联系方式，项目名称和项目编号，中标或者成交社会资本的名称、地址、法人代表，中标或者成交标的名称、主要中标或者成交条件（包括但不限于合作期限、服务要求、项目概算、回报机制）等，评审小组和采购结果确认谈判工作组成员名单。

根据采购文件，韩江高陂水利枢纽工程PPP项目于2015年11月27日在广州公共资源交易中心开标，一次性成功完成招标任务。通过公开招标成功引进广东水电二局股份有限公司作为社会资本方参与建设运营。中标候选人在广东省招标投标监管网（www.gdzbtb.gov.cn）、广州公共资源交易网（www.gzggzy.cn）上进行公示。

12. 合同签署

招标人和中标人应当自中标通知书发出之日起30天内根据招标文件和中标人的投标文件签订《广东省韩江高陂水利枢纽工程PPP框架协议》。中标人无正当理由拒签协议的，招标人取消其中标资格，其投标保证金不予退还；给招标人造成的损失超过投标保证金数额的，中标人还应当对超过部分予以赔偿。

在PPP项目合同签订之日起2个工作日内，将PPP项目合同在省级以上人民政府财政部门指定的政府采购信息发布媒体上公告，但PPP项目合同中涉及国家秘密、商业秘密的内容除外。需要为PPP项目设立专门项目公司的，待项目公司成立后，由项目公司与项目实施机构重新签署PPP项目合同，或者签署关于继承PPP项目合同的补充合同。

经梅州市人民政府授权，2015年12月21日高陂建设管理处与中标单位广东水电二局股份有限公司签订《广东省韩江高陂水利枢纽工程PPP项目特许经营框架协议》。广东水电二局股份有限公司于2016年2月23日成立项目公司——广东粤水电韩江水利开发有限公司。该项目公司是广东水电二局股份有限公司设立的全资子公司。2016年12月9日，高陂建管处与广东粤水电韩江水利开发有限公司正式签订《广东省韩江高陂水利枢纽工程PPP项目特许经营协议》。

13. 退付保证金

项目实施机构应当在采购文件中要求社会资本交纳参加采购活动的保证金和

履约保证金。社会资本应当以支票、汇票、本票或者金融机构、担保机构出具的保函等非现金形式交纳保证金。参加采购活动的保证金数额不得超过项目预算金额的2%。履约保证金的数额不得超过PPP项目初始投资总额或者资产评估值的10%；无固定资产投资或者投资额不大的服务型PPP项目，履约保证金的数额不得超过平均6个月服务收入额。

韩江高陂水利枢纽工程PPP项目采购活动结束后，应按采购文件规定向社会资本退付保证金。其中，未中标、未成交社会资本的保证金应在中标、成交结果通知书发出后5个工作日内退付；中标、成交社会资本的保证金应在合同签署后5个工作日内退付。

有下列情形之一的，投标保证金将不予退还：①投标人在规定的投标有效期内撤销或修改其投标文件；②中标人在收到中标通知书后，无正当理由拒签框架协议书或未按招标文件规定提交履约担保。发生保证金不予退还的情形时，应按采购文件规定及时办理有关手续。履约保证金的退付也应在采购文件中予以明确，项目实施机构应按规定及时为社会资本办理履约保证金的退付、结算手续。

四、采购过程中的争议处理和监督检查

参加韩江高陂水利枢纽工程PPP项目采购活动的社会资本对采购活动的询问、质疑和投诉，依照有关政府采购法律制度规定执行。项目实施机构和中标、成交社会资本在PPP项目合同履行中发生争议且无法协商一致的，可以依法申请仲裁或者提起民事诉讼。各级人民政府财政部门应当加强对高陂水利PPP项目采购活动的监督检查，依法处理采购活动中的违法违规行为。项目采购有关单位和人员在采购活动中出现违法违规行为的，依照《政府采购法》及有关法律法规追究其法律责任。

第二节　项目招标

一、招标的基本条件

根据国家发改委《关于开展政府和社会资本合作的指导意见》（发改投资〔2014〕2724号）和财政部《政府和社会资本合作模式操作指南》的规定，PPP项目包含项目识别准备、采购、执行移交流程。在项目招标采购前须进行项目识别和准备，具备基本条件后方可实施招标采购。PPP项目招标采购应满足以下基本前提条件方可实施：

1. 列入全国 PPP 综合信息平台储备清单

PPP 项目由行业主管部门和政府指定的机关、事业单位负责发起，社会资本方可向行业主管部门和政府指定的机关、事业单位提出 PPP 建议。政府对发起的 PPP 项目进行分类筛选形成年度开发计划。列入年度开发计划的项目，由行业主管部门和政府指定的机关、事业单位向财政部门申请列入全国 PPP 综合信息平台储备清单。

2. 授权实施机构

政府授权实施机构一般会以政府会议纪要或者书面批复的形式发文授权，政府内部也需要授权另一家实施机构来具体实施 PPP 项目。政府指定的项目实施机构一般是有关职能部门或事业单位，具体负责项目的准备、采购、监管和移交等工作。除需要确定一个部门作为实施机构外，还需要建立工作协调机制，在本级政府层面设立 PPP 领导小组，或者由当地 PPP 中心负责项目的统筹协调和落地实施。

3. 通过立项审批

韩江高陂水利枢纽工程 PPP 项目为政府和社会资本共同投资的公共基础类项目，属于准公共产品，具有一定的公益属性，按照程序应该为审批制或核准制。财政部《关于进一步加强政府和社会资本合作（PPP）示范项目规范管理的通知》（财金〔2018〕54 号）要求 PPP 项目“按国家有关规定认真履行规划立项、土地管理、国有资产审批等前期工作程序”；财政部《第一批示范项目评审标准》也要求新建项目必须完成城市规划、立项、可研的审批程序。财政部《关于规范政府和社会资本合作（PPP）综合信息平台项目库管理的通知》（财办金〔2017〕92 号）规定：“新建、改扩建项目未按规定履行相关立项审批手续的，属于前期准备工作不到位的项目，不得入库。”

项目实施机构应在采购前完成项目相关立项审批。新建项目主要审批有建设规划批复、项目建议书批复、可行性研究报告批复、规划选址意见、土地预审意见、环评批复、水土保持批复等，存量项目主要审批有国有资产审批、评估手续等。

4. 两评一案获批

物有所值评价的作用是论证实施 PPP 模式的“必要性”，即项目是否适合采用 PPP 模式。在通过专家的理论财政论证后，还需论证其实际可行性，即财政是否负担得起，也就是财政承受能力论证。根据《政府和社会资本合作项目财政承受能力论证指引》（财金〔2015〕21 号）的规定，每一年度全部 PPP 项目需要从预算中安排的支出责任，占一般公共预算支出的比例应当不超过 10%。通过两个论证的项目，由财政部门出具“适宜采用政府和社会资本合作（PPP）模式实施”的批复文件，各级财政部门应当在编制年度预算和中期财政规划时将项目财政支出责任纳入预算统筹安排。“未通过论证”的项目不宜采用PPP模式。项目通过物有所值和财政承受能力论证后，实施机构应及时向财政部门申请列入全国PPP综合信息平台项目管理库。

可研审批后实施机构应根据批准的可研报告要求，完善并确定PPP项目实施方案。根据发改委《传统基础设施领域实施政府和社会资本合作项目工作导则》（发改投资〔2016〕2231号）的规定，鼓励地方政府建立PPP项目实施方案联审机制。按照“多评合一、统一评审”的要求，由发展改革部门和有关行业主管部门牵头，会同项目涉及的财政、规划、国土、价格、公共资源交易管理、审计、法制等政府相关部门，对高陂水利PPP项目实施方案进行联合评审。必要时可先组织相关专家进行评议，或委托第三方专业机构出具评估意见，再进行联合评审。

二、招标文件的构成

水利PPP项目招标文件一般由7个部分组成：

（1）招标公告。招标公告主要明确采购项目的名称、项目工程概况及说明、投标人资格要求、招标文件提供的信息、投标文件接收的信息、开标工作安排、投标文件数量及保证金等内容。招标人可根据项目实际情况补充其他需要告知或明确的事项。

（2）投标人须知。主要是根据招标文件的结构梳理投标人需要了解或可能需要了解的内容，主要有招标文件的结构及组成、投标文件的结构及组成要求、采购答疑会的安排及要求、投标文件的递交时间及要求、投标有效期及相关要求、投标文件澄清及非标条款、投标文件的开启及评审、中标人选定及公示程序等内容。

（3）评标办法。主要明确采购项目评标过程中的行为准则及打分的参照标准。一般总分为100分，由商务部分得分、技术部分得分、报价部分得分组成，通常的评标办法商务部分占10分，技术部分占50分，投标报价占40分，地方政府作为招标人可根据具体项目的实际情况对各部分分值进行调整。

（4）合同条款及格式。一般指《特许经营合同》《项目股东协议》《项目投资协议》的合同条款和格式要求。

（5）投标文件格式。明确商务文件及技术文件的主要组成内容、结构及格式要求。

（6）图纸。另附说明项目要求的相关技术资料和图纸。

（7）工程概况。对工程的工期、特许经营期、施工质量和运行维护质量要求等的说明。

三、评标办法及标准

本 PPP 项目采用综合评分法进行评标。评标委员会对满足招标文件实质性要求的投标文件按照规定的评审标准进行评标。投标人综合得分为技术评审得分、信用等级得分和商务评审得分之和。评标委员会按综合得分由高至低依次推荐三个中标候选人，并标明推荐顺序。总得分相同的，商务评审得分高的投标人排序优先；若商务评审得分也相同，信用得分高的投标人排序优先；若技术评审得分、信用等级得分、商务评审得分均相同，则由评委通过记名投票表决（不得弃权），以“少数服从多数”的原则确定排序。

招标评分标准。本项目评标总分为 100 分，由信用等级评审得分、商务评审得分、技术评审得分三部分组成，其中信用等级评审占 5 分，商务评审占 55 分，技术评审占 40 分。信用等级是评价投标人信誉的一个重要参考指标，鉴于本项目具有公益属性，影响广泛，将信用等级考虑在内是必要的。商务评审包括财务状况、类似项目业绩、投标报价、其他。技术评审包括投融资方案、施工建设期方案、运营维护期及移交方案，针对水利枢纽工程项目运营时间长、特许经营期内运营费用高的特点，对运营管理及维护和工程建设给予了较高重视。项目采购人可根据自身需求和项目特殊之处对评审项目进行增补和调整，具体见表 7－3。

表 7－3　招标评分标准

序号	评审因素	分值	评分标准
一、信用等级评审		5	
1	信用等级	5	获得中国水利工程协会评定信用等级且在有效期内的企业，按照其评定信用等级赋分，具体得分如下： 投标人水利水电工程施工信用等级 AAA 级的，得分为 5 分；AA 级的，得分为 4 分；A 级的，得分为 3 分；BBB 级的，得分为 2 分；CCC 级的，得分为 0 分；首次获得水利行业资质或尚未经中国水利工程协会评定信用等级的水利建设市场主体，已在广东省水利信用档案系统登记的，按 BBB 级赋分；未在广东省水利信用档案系统登记的，按 CCC 级赋分
二、商务评审		55	
（一）财务状况		10	
1	净资产	4	投标人的净资产达到 10 亿元（含）得 1 分；10 亿元以上，每增加 1 亿元加 0.3 分，不足 1 亿元的不加分，本项最多得 4 分。低于 10 亿元不得分

续上表

序号	评审因素	分值	评分标准
2	可支配资金	3	投标人银行基本存款账户的存款达到1亿元（含）得1分；1亿元以上每增加5000万元加0.3分，不足5000万的不加分，本项最多得3分。低于1亿元不得分
3	投融资能力	3	主要考察银行出具的投标人授信余额证明。投标人的授信余额达到10亿元（含）得1分；10亿元以上，每增加2亿元加0.3分，不足2亿元不加分，本项最多得3分。低于10亿元不得分
（二）类似项目业绩		16	
1	水利水电工程投融资业绩	5	2010年1月以来（以合同协议书签订时间为准），投标人具有水利水电工程投融资项目业绩1亿元（含）—5亿元每项得1分；5亿元（含）—10亿元每项得2分；10亿元（含）以上（以合同协议书中标明的投融资金额为准）每项得3分，最多得5分
2	大型水利枢纽工程项目建设业绩	5	2010年1月以来（以合同签订时间为准）承担过大型水利枢纽主体工程（合同金额在5亿元以上）施工任务的，按水利枢纽的概算总投资（不同项目不累加）： ①概算总投资额50亿元（含）以上的得5分； ②概算总投资额30亿元（含）至50亿元的得3分； ③概算总投资额10亿元（含）以上30亿元以下的得1分； 其他不得分，本项最多得5分
3	大型水利枢纽工程运营维护业绩	6	2010年1月以来，投标人具有已建成并运行的大型水利枢纽工程运营维护业绩，满足以上条件按下列电站装机容量赋分（本项只计最高分，不累计） ①50MW以下的得2分； ②50MW（含）至100MW得4分； ③100MW（含）以上的得6分
（三）其他		9	
1	工程荣誉	2	2010年1月至今（以证书颁发时间为准），投标人承担施工的水利枢纽工程获得过“中国建筑工程鲁班奖”（国家优质工程）、“中国土木工程詹天佑奖”，每一奖项得2分；获得“中国水利优质工程大禹奖”，每一奖项得1分，本项最多得2分

续上表

序号	评审因素	分值	评分标准
2	“重合同守信用”证书或“守合同重信用”证书	2	投标人获得工商行政管理部门颁发的“重合同守信用”证书或“守合同重信用”证书：连续 21 年及以上得 2 分；连续 16 年～20 年得 1 分；连续 10 年～15 年得 0.5 分；其他不得分
3	企业荣誉	2	2010 年度至今（以证书标明的获奖年度为准），投标人连续 5 年获得中国施工企业管理协会颁发的“全国优秀施工企业”的，得 2 分；其他不得分
4	项目管理机构	3	（1）投融资专业人员：项目管理机构中有投资、财经、金融类专业人员，中级或以上职称，且具有投融资专业工作经历，得 0.5 分；没有则得 0 分。 （2）建设期管理人员： ①项目负责人：具有水工专业高级或以上职称； ②技术负责人：具有水工专业高级或以上职称； ③其他人员：质量管理员、安全管理人员、施工员、材料员、资料员均具有中级或以上职称，且均持有中国水利工程协会颁发的有效的岗位证书，得 1 分。 （3）运营维护期管理人员： 重点考察项目管理机构配备相关管理人员、巡查人员、养护人员、电力调度人员、电工进网作业人员的数量和素质（含工作经验和职称）满足运行管理需要的程度，其中电力调度和电工进网作业人员必须具有作业资格证，否则本项得 0 分。分优良、一般及差三级赋分，优良得 1.0～1.5 分，一般得 0.5～1.0 分，差得 0～0.5 分
（四）投标报价		20	
1	投融资总额 F_A	5	投标人所报的投融资总金额须超过 195 194.00 万元（其中投入的资本金不少于 100 500.00 万元），否则评标委员会将否决其投标。 F_A 得分按下式计算（当 $F_A<0$ 时，按 0 分计）： $F_A=5-10\times\frac{A-ai}{A}\times100\%$ 式中 A—通过初步评审的投标人所报的投融资金额的最大值； a_i—通过初步评审的投标人所报的投融资金额（$i=1, 2, \cdots, n$）

续上表

序号	评审因素	分值	评分标准
2	特许经营期广东省财政安排每年可行性缺口补助（简称“省财政年度补偿额”）F_B	8	省财政年度补偿额的最高限值为5 478.34万元，投标人所报的省财政年度补偿额不得高于最高限值，否则评标委员会将否决其投标。 F_B 得分按下式计算： $$F_B = 5 + \frac{B - bi}{B} \times 300\%$$ 式中 B—省财政年度补偿额的最高限值（即5 478.34万元）； b_i—通过初步评审的投标人所报的省财政年度补偿额（$i=1, 2, \cdots, n$）
3	施工概算总承包下浮率 F_c	7	项目施工总承包概算总价下浮率必须大于等于0，否则评标委员会将否决其投标。 投标报价下浮率 F_c 的得分按下式计算（当计算 $F_c<0$ 时，按0分计）： $$C = \begin{cases} \frac{c_1 + c_2 + \cdots + c_n - M - N}{n-2} & (n \geqslant 5) \\ \frac{c_1 + c_2 + \cdots + c_n}{n} & (n \leqslant 4) \end{cases}$$ 式中 C—评标基准下浮率； c_i—通过初步评审的投标人的投标报价下浮率（$i=1, 2, \cdots, n$）； n—参与评标基准下浮率计算的投标报价下浮率的个数； M—参与评标基准下浮率计算的投标报价下浮率中最高的投标报价下浮率； N—参与评标基准下浮率计算的投标报价下浮率中最低的投标 报价下浮率。 只取通过初步评审且投标报价下浮率在［0，10%］范围内的投标人的投标报价下浮率参与评标基准下浮率的计算。 $$F_c = \begin{cases} 7 - 80 \times (c_i - C) & (c_i \geqslant C) \\ 7 - 100 \times (C - c_i) & (c_i \leqslant C) \end{cases}$$
三、技术评审		40	
（一）投融资方案		10	
1	资本金筹措	5	根据承诺投入的资本金来源是否有保障、资本金投入计划是否满足工程进度需要等综合评分：优得3.5～5分；良得2～3.5分；中得1～2分；差得0～1分

续上表

序号	评审因素	分值	评分标准
2	融资贷款及偿还	5	根据融资贷款来源是否有保障、偿还贷款计划是否合理可行等综合评分：优得 3.5 ～ 5 分；良得 2 ～ 3.5 分；中得 1 ～ 2 分；差得 0 ～ 1 分
（二）施工建设期方案		15	
1	建设方案	6	根据对枢纽整体工程的施工总平面布置、设备、材料及人力投入计划、施工顺序安排、施工工艺选择等方面综合评分：优得 4.5 ～ 6 分；良得 3 ～ 4.5 分；中得 2 ～ 3 分；差得 0 ～ 2 分
2	工期保障及质量保障	3	根据工期及质量保障措施是否合理得当、是否具有可操作性和可控性、是否响应按照“优良”的施工质量标准要求制定详细、周到的全过程质量控制和保障措施进行综合评分：优得 2 ～ 3 分；良得 1 ～ 2 分；中得 0.5 ～ 1 分；差得 0 ～ 0.5 分
3	安全及文明施工	2	根据安全文明施工措施是否周到详尽、是否具有可操作性综合评分：优得 1.5 ～ 2 分；良得 1 ～ 1.5 分；中得 0.5 ～ 1 分；差得 0 ～ 0.5 分
4	工程建设及运营维护过程中与地方政府及有关部门、百姓的沟通、衔接及应急处理保障机制及措施	4	主要考察与地方关系的建立、协调和维护上。根据工程建设及运营过程中包括不仅限于在征地移民、施工对外交通、运营维护等方面是否有足够的应急处理保障机制和措施与当地建立良好的沟通、衔接渠道和平台，保证工程建设和运营维护的顺利实施进行综合评分：优得 3 ～ 4 分；良得 2 ～ 3 分；中得 1 ～ 2 分；差得 0 ～ 1 分
（三）运营维护期及移交方案		15	
1	运营维护方案	6	根据是否响应招标文件要求的运营维护期的质量标准对运营管理机构、运营管理方案、维修养护方案等综合评分：优得 4.5 ～ 6 分；良得 3 ～ 4.5 分；中得 2 ～ 3 分；差得 0 ～ 2 分
2	执行防洪、水资源调度应对措施	4	根据是否执行指令坚决、应对措施得当、应急预案制定详尽等综合评分：优得 3 ～ 4 分；良得 2 ～ 3 分；中得 1 ～ 2 分；差得 0 ～ 1 分

续上表

序号	评审因素	分值	评分标准
3	期满移交准备及实施	5	对期满移交前枢纽运行状态的综合检测方案、设备性能测试方案、移交过程的资料档案、对被移交单位人员进行的培训方案等进行评分：优得 3.5 ～ 5 分；良得 2 ～ 3.5 分；中得 1 ～ 2 分；差得 0 ～ 1 分
合计		100	

第三节　项目投标

社会资本在投标阶段要对项目识别阶段政府确定的基准收益率进行核算，综合考虑风险情况、期望收益等因素，做好投标决策，按照招标文件的要求编制科学的投标文件。

一、项目投标主要财务指标计算

水利 PPP 项目投标决策阶段关注的财务指标主要有项目资本金现金流量及收益率、项目总投资现金流量及收益率。为了计算投标决策所需的财务指标，需要建立完整的财务指标测算模型。

（一）基础条件设定及费用测算

（1）项目总投资估算表。根据项目的建设范围估算项目建设成本。建设成本主要包括工程费用、工程建设其他费用、预备费及专项费。其中，工程费用又按专业分为建筑工程费、安装工程费及设备购置费。一般投标人根据估算的实际建设成本（不含运营期贷款利息）与招标文件中约定的总投资的差额确定总投资的下浮率。水利工程 PPP 项目总投资下浮范围为工程费用、工程费用中的其他费用、预备费、专项费中的车辆购置费及其他附属工程费。

（2）项目分年度投资计划及建设期利息估算表。根据项目建设计划，按年度制定总投资计划，根据项目资本金缴纳比例估算建设期每年的贷款金额及贷款利息。

（3）总投资及资金筹措估算表。项目总投资资金来源主要分为两部分：一部分是项目资本金，由项目股东方按照股权比例认缴的费用；另一部分是除资本金以外的总投资部分，通过银行借款等方式进行筹措。总投资及资金筹措估算表主要反映项目每年各股东方资本金认缴金额及银行贷款金额。

（4）借款还本付息表。水利工程 PPP 项目在建设期间的贷款一般是待项目进入运营期后开始偿还。借款还本付息表主要计算建设期贷款累计总额在运营期的还款方案。当前在投标财务指标测算阶段，较常使用等额本金或等额本息的方式计算运营期每年的还本和付息金额。水利工程 PPP 项目年度补贴金额较大，受政府支付能力及项目自身经营收入的影响，项目公司收入一般呈现前少后多的特点，还款方案的设计对项目现金流量的影响较大。特别在项目初期，建议在综合考虑项目公司现金流量的情况下合理设计项目的还款方案，确保项目公司现金流量为正。

（5）日常运营成本、更新改造及追加投资费测算。根据招标文件提供的项目运营范围及边界条件对项目运营期间发生的人工成本、电力成本、维修费、安保费、运营费、管理费、保险费及其他招标文件约定的费用进行测算。通常，水利工程 PPP 项目除约定初期成本单价外，均会配套设置单价调价机制。在进行日常运营成本测算使用到的人均工资水平、电费水平、材料损耗费单价或其他相关费用单价取值时，建议采用静态估算的方式进行测算。在测算更新改造及追加投资费前，应先确认项目可行性缺口补助的范围。目前水利项目关于更新改造及追加投资费的处理方式主要分为两种：一是约定更新改造及追加投资费不纳入补贴范围，由政府根据实际情况据实支付；二是纳入可行性缺口补助范围。

（6）项目总成本表。项目总成本表主要包含项目运营期间的日常运营成本、更新改造及追加投资费（若有）、折旧及摊销费、运营期贷款利息。

（7）项目收入估算表。水利工程 PPP 项目收入主要包含票务收入、非票务收入及政府可行性缺口补助。应根据各类收入计算方法对各项收入数据进行估算。投标人在估算项目收入时需注意评估项目预测客流与实际客流的偏差；同时，在估算非票务收入时保持合理预期，以避免加大项目实施过程中的收入风险。

（8）项目增值税、税金与附加税费估算表。根据收入估算结果，分别按照票务收入、非票务收入及政府补贴部分计税税率计算项目运营期每年的销项税。

根据项目建设成本及各部分费用适用的税率估算建设期进项税；根据日常运营成本、更新改造及追加投资费（若有）及适用税率估算运营期每年的进项税。

按照进项税、销项税抵扣规则计算每年所需缴纳的增值税额，根据增值税额按照城市维护建设税税率和教育费附加税率计算每年所需缴纳的附加税费。

（二）利润及利润分配表

利润及利润分配表主要是对上述通过测算已知的数据进行加工，从而得到项目的利润总额、需缴纳的所得税额、应提取的各类基金（法定盈余公积金、任意盈余公积金）、项目每年可供分配的利润及未分配利润，主要用于反映项目每年的盈利或亏损的状况。在进行利润及利润分配表计算时应注意：

①该表中的收入均为不含税收入，成本为不含税成本。

②在计算企业应纳所得税时要注意，应纳所得税额为当年的利润总额弥补完以前年度亏损后的金额，即：

应纳所得税额＝利润总额－弥补以前年度亏损

（三）现金流量表及收益率测算

水利工程PPP项目较常使用的现金流量表主要有项目资本金现金流量表、项目总投资现金流量表、投资各方现金流量表。

（1）项目资本金现金流量表。项目资本金现金流量表主要是计算项目各股东方投入的现金与收入的现金差异，以反映项目资本金的收益情况。项目资本金现金流量表与项目总投资现金流量表的主要差异为现金流出部分。项目总投资现金流量表中的现金流出为建设期总投资、日常运营成本、更新改造及追加投资、各类税费（增值税、附加税、所得税等）。项目资本金现金流量表中的现金流量为项目资本金、日常运营成本、更新改造及追加投资、各类税费（增值税、附加税、所得税等）、运营期偿还的本金及利息。

社会资本方为了提高项目投资收益，减少投资风险，除项目资本金以外的资金多采用银行贷款的方式进行筹措。若贷款利息低于项目总投资收益率，则借助资金筹措的杠杆作用可以提高投资方资本金的投资收益率。项目资本金现金流量及收益率指标主要用来反映投资方投入产出情况，常用于判断项目的优劣。

（2）项目总投资现金流量表。项目总投资现金流量表又称为项目融资前的投资现金流量分析表，是指在不考虑融资成本（运营期利息）情况下进行的财务分析，从项目总投资获利能力的角度对项目各类方案设计的合理性及项目收益情况进行分析评估。项目总投资现金流量表主要通过项目公司在特许经营期（建设期和运营期）内每年现金流入和流出情况，计算项目公司每年的现金流量情况，根据每年的现金流量计算项目总投资财务内部收益率。项目总投资现金流量及收益率是在排除了资金筹措给项目投资效益带来的杠杆作用后反映项目盈利情况的指标。同时，也可把项目的盈利能力与项目资金筹措成本进行比较以确定项目融资方案及使用外部融资时能够承受的贷款利率上限，以准确进行投资风险评估。

（3）投资各方现金流量表。在计算PPP项目投资各方的现金流量及收益率指标时，首先应明确该PPP项目的合作方式及收益分配方式。目前水利项目的收益分配方式主要有两种：一种是政府方不参与分红，另一种是政府方与社会资本方按股权比例分红。

如果该项目采用的是政府方与社会资本方按股权比例分红的方式，则项目资本金的收益率即为项目公司股东的收益率；采用政府方不参与分红的方式实施的项目，应以投资方实际资本金出资金额来计算现金流量及收益率指标，一般高于项目资本金收益率。

无论选择哪种财务指标作为项目决策的依据，均需注意在进行现金流量测算时，现金流量表里面不应出现折旧费与摊销费，因为它们并未直接参与现金的流动，主要是通过企业所得税来影响现金流量。

二、投标文件的编制

PPP 项目的投标文件通常分为三个部分，分别是资信文件、技术文件和商务报价。

（一）资信文件

一般通过资信文件对企业的财务状况、业绩情况、融资能力进行考核。

（1）企业财务指标。财务指标通常是指盈利能力指标、营运能力指标和偿债能力指标。在投标文件的编制中，使用频率较高的是总资产、净资产、净利润和资产负债率。

（2）企业业绩情况。招标人通常将企业施工业绩、运营业绩、工程获奖情况作为评价企业业绩的主要指标。对于施工业绩，要求附上以往承接的大型水利水电工程项目的中标通知书、合同协议书复印件等资料；在考察工程荣誉时，特别地将“中国建筑工程鲁班奖”“中国土木工程詹天佑奖”“中国水利优质工程大禹奖”作为评审项目，并对投标企业近期获奖数量提出要求。

（3）企业融资能力。企业融资能力考核的是投标企业的银行授信额度、银行资信等级是否能得到对应项目的贷款意向书。

（二）技术文件

水利工程 PPP 项目技术文件不仅要完善工程的技术措施和方案，更需要投标企业从业主的角度出发制定方案。项目公司的职能包括两方面，一是对项目建设阶段进行监督和管控，二是对运营期的安全负责。水利工程的 PPP 项目技术文件通常包括项目投资方案、项目公司组建方案、项目建设方案、项目运营方案、项目移交方案等内容。

（1）项目投资方案。项目投资方案主要包括资金筹措方案、资金使用计划、项目成本测算、收益指标和财务分析等。其中，资金筹措方案主要从自有资金情况、拟投入项目公司的自有资金和其余建设资金额度、资金来源及相应的保障措施等方面证明或响应招标人的实际要求，证明投标人有能力满足该项目的实际资金需要。资金使用计划是根据项目实施的工程筹划，对资金的获取及支付进行合理统筹，尽可能提高资金使用效率避免资金闲置，从而降低资金使用成本。

项目成本测算是对项目的建设成本（含资金筹措费）、日常运营成本、更新改造及追加投资等费用进行测算，确保各项成本支出完整、工作量准确、单价合理，同时对建设及运营期间的超支风险进行分析评估。

收益指标及财务分析是从总收入、总成本、利润、项目资本金现金流量、项目总投资现金流量等方面进行测算。

（2）项目公司组建方案。该方案除了需阐述如何按照公司法规定进行项目公司组建外，还需明确项目公司作为PPP项目的主体单位，要有科学合理的组织架构及相应的组织建设计划、各阶段岗位设置及人员配置、各机构职责划分等。

（3）项目建设方案。项目建设方案主要包括项目勘察设计、施工组织、监督管理、设备采购、试验检测、施工质量、投资控制、移交主要工程量和状态、建设期保险等方案。项目建设方案不仅要明确建设工作的主要内容和总体时间安排，还应包括核准项目申请报告、图纸报批、办理各项批复手续、取得施工许可、征地拆迁、组建项目部和划分施工工区、大型临时设施的建设、技术准备等具体实施方案和时间节点的控制，同时也需明确项目建设阶段详细的工作内容及对重大时间节点的控制，包括施工总体部署、主要分项工程及季节性施工方案等。

（4）项目运营方案。项目运营方案主要包括水利工程PPP项目运营筹备方案、组织架构及人员配置方案、规章制度体系建设方案、设备维保方案、安全管理体系、应急管理体系、绩效考核及质量评估体系、人员培训方案、信息化应用方案等。投标人应从实际应用性出发制定全面有效的运营方案，确保项目的运营顺利开展。运营方案中除以上内容外，建议在充分测算项目运营成本后给出运营成本优化措施及控制办法。

（5）项目移交方案。根据PPP项目实施模式，社会资本方需要在项目特许经营期结束后，将项目所有资产全部无偿移交给政府或政府指定机构。因此，项目移交方案也是技术方案中不可缺少的一部分。

项目移交方案要明确的主要内容包括项目本身及其附属范围内的设备设施，与项目建设和运营相关的档案资料、规章制度、技术方案等资料，与项目有关的所有未到期的担保、保证和保险的受益权，与项目运营和养护有关的所有技术和知识产权，以及所有与项目及其资产有关的其他权利和义务，等等。同时，该方案还需确定移交前第三方检测（若需要）的时间和相关指标要求，并明确移交标准。

水利工程 PPP 项目一般在特许经营期结束前启动项目资产移交工作，由双方联合组成的移交委员会敲定项目最终的移交方案，并在特许经营期满之日，按移交方案组织资产转移，办理项目公司名下的应移交资产、资料的过户、变更及登记手续。

三、商务报价

对于水利工程 PPP 项目，通常会出现多家企业同时参与投标的情况。当多个投标人的技术评审和信用评审条件相近时，商务报价是中标的决定性因素。商务报价的内容主要包含施工下浮率、融资利率、资本金财务内部收益率、项目总投资财务内部收益率以及运营期相关费用的报价等。在进行商务报价时需要结合企业的收益预期对项目收入、成本进行综合测算，并且在核算过程中控制好收入可能遭遇的风险、可能遇到的成本增加风险。根据《广东省韩江高陂水利枢纽工程 PPP 项目招标文件》，投标报价包括投融资总额、特许经营期广东省财政安排每年可行性缺口补助、施工总承包概算总价下浮率报价三项。

第四节　合同体系

一、合同体系构成

在 PPP 项目中，项目参与方通过签订一系列合同来确立和调整彼此之间的权利义务关系，共同构成 PPP 项目的合同体系。根据财政部《关于规范政府和社会资本合作合同管理工作的通知》（财金〔2014〕156 号）、《政府和社会资本合作项目财政管理暂行办法》（财金〔2016〕92 号）、国家发展改革委《关于开展政府和社会资本合作的指导意见》（发改投资〔2014〕2724 号）、《传统基础设施领域实施政府和社会资本合作项目工作导则》（发改投资〔2016〕2231 号）等文件的规定，PPP 项目的合同通常包括 PPP 项目合同、股东协议、履约合同（包括工程承包合同、运营服务合同、原料供应合同、产品或服务购买合同等）、融资合同和保险合同等。其中，PPP 项目合同是整个合同体系的基础和核心，政府方与社会资本方的权利义务关系以及 PPP 项目的交易结构、风险分配机制等均通过 PPP 项目合同确定，并以此作为各方主张权利、履行义务的依据和项目全生命周期顺利实施的保障。

二、本项目合同体系概述

本项目采用特许经营方式运作，合同体系主要包括PPP项目合同、特许经营协议、项目公司股东协议、履约合同（包括工程承包合同、运营服务合同、原料供应合同、产品或服务购买合同等）、融资合同和保险合同等。本项目合同体系架构如图7－2所示。

其中，最核心的3份合同是实施机构与社会资本方签订的《PPP项目合同》、政府出资代表与社会资本方签订的《股东协议》、实施机构与项目公司签订的《PPP特许经营协议》。

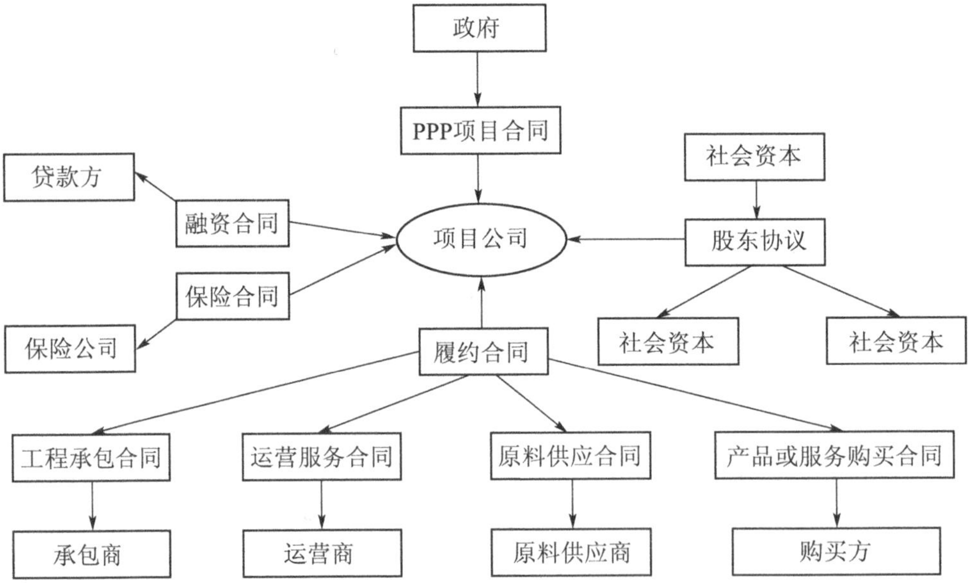

图7－2　项目合同体系

（一）PPP项目合同

对于政府和社会资本来说，PPP项目合同是十分重要的，一方面，该合同明确双方权利与义务，另一方面，保障了项目顺利开展。所以，PPP项目合同的签订和执行具有三个特性，分别是长期性、疑难性和复杂性。根据财政部《PPP项目合同指南（试行）》，PPP合同从起草到终止直至失效的全过程都有标准的规范。水利工程PPP项目合同主要包括以下内容：

（1）合同主体。合同主要约定政府方和社会资本方合作的主体，设立项目公司等合作的方式。政府方是指PPP项目合同政府一方的签约主体。在我国，水利工程 PPP 项目合同通常根据政府职权分工，由项目所在地相应级别的政府或者政府授权机构以该级政府或该授权机构自己的名义签署，比如发改委、交通委等。项目公司是社会资本为实施 PPP 项目而专门成立的公司，通常独立于社会资本运营。根据项目公司股东国籍的不同，项目公司可能是内资企业，也可能是外商投资企业。合同主要约定政府出资代表与社会资本方投资组建项目公司，包括资本金部分股权占比、注册资本金、融资负责、收益分成等内容。

（2）项目的范围和期限。项目的范围条款，用以明确约定在项目合作期限内政府与项目公司的合作范围和主要合作内容，是 PPP 项目合同的核心条款。根据项目运作方式和具体情况的不同，政府与项目公司的合作范围可能包括设计、融资、建设、运营、维护等。政府应根据项目的风险分配方案、运作方式、付费机制和具体情况选择合理的项目合作期限规定方式，其基本原则是：项目合作期限可以实现物有所值的目标并且形成对项目公司的有效激励。

（3）双方基本权利和义务。PPP 项目合作需要订立一系列合同来确立和调整彼此之间的权利义务关系。通常约定政府方享有对整个项目的监督、检查、知情权利，同时负有完成拆迁、办理审批、提供国有建设用地划拨使用权、协助办理各种证照及审批的义务；社会资本方的主要权利是获得投资收益，主要承担投融资、组建项目公司、做好相应的前期工作等。

（4）项目融资。PPP 项目合同中有关项目融资的规定不一定规定在同一条款中，有可能散见于不同条款项下，通常包括项目公司的融资权利和义务、融资方的权利以及再融资等内容，约定政府方投入的资本金、社会资本方筹措资金、项目公司和社会资本方负责投资控制责任，同时对投融资违约情形进行明确约定。

（5）工程建设。新建或改扩建内容的 PPP 项目，通常采用 BOT、BOO 或 ROT 等运作方式，项目建设是这类 PPP 项目合同的必备条款。有关项目建设的条款通常包括设计和建设两部分内容，主要对工程建设计划、工程质量、工程安全、工程进度、验收、工期延误及相应的违约责任进行约定，明确约定若因项目公司或社会资本方的原因导致工程质量不合格、工期延误等，政府方有权解除合同、兑付保函、追究违约责任等。

（6）运营和服务。水利工程 PPP 项目的运营不仅关系到公共产品或服务的供给效率和质量，而且关系到项目公司的收入，因此对于政府方和项目公司而言都非常关键。这部分内容主要约定了在运营期内各方的主要权利义务关系、运营权的转让、运营标准、收益来源以及相应的违约责任，特别约定了项目公司未经政府方同意不得转让其运营权及相关权利，否则视为其不具有履行协议的能力，政府方有权解除合同、兑付保函等。

（7）项目移交。PPP 项目移交通常是指在项目合作期限结束或者项目合同提前终止后，项目公司社会资本将全部项目设施及相关权益以合同约定的条件、范围和程序移交给政府或其指定单位。主要约定在正常移交情况下的移交标准、移交程序、移交内容和相应的违约责任，以及在非正常情况下需要移交的程序、债权债务的承担等。

（8）回报机制。水利工程 PPP 项目回报通常由票务收入、非票务收入、可行性缺口补助三部分组成。合同主要约定项目公司在运营期运营收入的形式和来源，政府方向社会资本方支付费用，以及费用的计算标准、调价机制、支付方式、特殊情况的补偿机制等。

（9）公众监督和政府监督。为保障公众知情权，接受社会监督，PPP 项目合同中通常还会明确约定项目公司依法公开披露相关信息的义务。为了确保 PPP 项目能保质保量地完成和使用，合同会约定政府方有必要通过后期评价、融资监管、建设期和运营期等监管方式加以监督。

（10）履约担保。履约担保机制的设置一直以来都是 PPP 项目合同的重点内容之一，是项目执行阶段各项监管职能能够顺利实施的根基。一方面，它为社会资本方及项目公司按照合同约定履行义务提供保证；另一方面，也是政府方在合作期间实现有效监管及在社会资本方或项目公司违约的情况下得到有效救济的强力措施。主要通过建设期、运营期、移交等担保约定加强政府方对社会资本方和项目公司的约束，确保项目的质量、工期、服务、移交等工作顺利进行和完成，达成最优的社会效益。

（11）不可抗力和法律变更。不可抗力条款是 PPP 项目合同中一个重要的免责条款，用于明确一些双方均不能控制又无过错的事件的范围和后果，通常包括不可抗力的定义、种类以及不可抗力的法律后果两部分内容。主要对不可抗力和法律变更进行分类，并根据不同的类型设计不同的处理原则，明确各方的责任范围。

（12）提前终止及补偿。PPP 合同的提前终止存在多种原因，既存在政府方原因，也有代表社会资本方的项目公司原因，还存在不可抗力、法律变更等原因。发改委的 PPP 合同指南中将提前终止条款称为“合同解除”条款，并归类为“项目合同的必备篇章”。主要约定在本项目相关合同不能正常履行的情况下如何处理，加强双方对合同履行的约束力，确保项目的完成。

（13）争议解决。由于 PPP 项目涉及的参与方众多、利益关系复杂且项目期限较长，因此在 PPP 项目所涉合同中通常都会规定争议解决条款，约定发生争议的解决方式和争议期间的合同履行。

（二）股东协议

股东协议的主体是项目公司的各股东，目的是在股东之间建立长期有约束力的合约关系。PPP 股东协议包括以下主要条款：前提条件、项目公司的设立和融资、项目公司的经营范围、股东权利、履行 PPP 项目合同的股东承诺、股东的商业计划、股权转让、董事会、监事会组成及其职权范围、股息分配、违约、终止及终止后处理机制、不可抗力、适用法律和争议解决等。

项目公司的股东可能会包括参与项目建设的各方，例如原料供应商、运营商、融资方等。股东协议除了包括股东的一般权利和义务外，还可能包括与项目实施相关的特殊规定。

针对水利工程 PPP 项目的特点，PPP 股东与一般的公司股东协议不同之处主要在于项目公司的注册资本、经营权设置、股权变更等方面。

（1）项目公司注册资本。水利工程 PPP 项目公司有注册资本的要求。从政府选择投资人的角度来讲，项目公司的注册资本及缴纳时间等事项，一定意义上能够体现社会资本方的融资能力和履约能力。因此，PPP 项目公司设立需要注册资本金，且要求实缴。

在进行 PPP 项目公司股权结构设计时，需要注意出资比例限制问题。根据财政部合同指南规定，项目公司可以由社会资本方出资设立，也可以由政府方和社会资本方出资共同设立，但政府方在项目公司中的持股比例应当低于 50%，且不具有实际控制权及管理权。因此，对政府参股的项目公司股权比例的设计，应注意对其持股比例予以限制。对于水利工程项目来说，由于项目投资大，对资本金的需求也大，为充分利用社会资本，政府对项目公司的出资比例在 30% 左右为宜。如果政府持股比例过高，相当于加大了社会资本投资 PPP 项目的资金杠杆，加大了政府方的风险。因此，针对项目公司股东协议股权比例设计，应该根据项目的实际情况从实际操作的角度合理安排各方在项目公司的持股比例，以有利于项目公司建立合理的治理结构。

在出资时间安排上，因水利工程 PPP 项目建设涉及资金额均较大，注册资金缴付数额如按项目初始投资额或总投资额的比例缴付，数额也较大。实际操作中，为保证项目公司的建设运营，对项目公司股东协议须拟定出资安排，是一次还是分次出资。约定分次出资的，首期出资在项目公司设立时必须到位，后续出资可根据项目建设进度对资金量的要求分次进行，但一般要求在建设期结束前的一段时间内一定要全部出资到位。如约定分次出资，股东协议须约定不按期缴付出资方需承担的违约责任。

（2）项目公司经营权。项目公司是通过授权股东会、董事会职权事项，以及对职权事项的表决机制实现公司管理运营的。按照公司法的规定，公司股东会由全体股东组成。PPP 项目公司建设运营的特殊性以及关于持股比例的相关规定，决定了 PPP 项目中政府股东须享有一票否决权。在设计股东表决权时，要求特别重大事项需要全体股东一致通过，涉及公共利益的重大事项决策时政府股东享有一票否决权。为平衡项目公司各方主体的权益，股东协议一般会在董事会的设置上进行特别约定。实践中应注意项目公司的董事会成员组成，由政府出资人代表推选的董事不能超过董事会成员的一半，否则将具有项目公司的实际控制权，从而不具有合规性。对于项目公司存在多个社会资本方的情况，对持有项目公司5%及以上股权的社会资本方原则上应给予董事会席位，以保障少数股东的权益。

（3）项目股权变更。当项目公司自身或其母公司的股权结构发生变化，PPP项目的投资人或实际控制人可能变更，进而有可能影响项目的实施。为了有效控制项目公司股权结构的变化，在PPP项目合同中一般会约定限制股权变更的条款。

①股权变更的一般限制性规定。实践中PPP项目股东协议对股权变更的一般限制性规定通常设计为：项目公司股东应确保任何项目公司股东都不得擅自变更（包括向项目公司其他股东）其在项目公司中的全部或部分股权，除该变更为适用法律所要求，或具有适当管辖权的法院裁判或政府部门所规定的变更，或该变更经政府方书面同意外。再有，为限制政府持股比例，同时约定股权变更须保证项目公司社会资本方的股权比例高于50%（但因期满移交和《PPP项目协议》提前终止时的股权移交发生的股权变更除外）。

②股权变更限制的方式。股权变更限制的主要方式为锁定期。锁定期是指限制社会资本转让其所直接或间接持有的项目公司股权的期间。至于具体期限，需要根据项目的具体情况进行设定。常见的锁定期是自项目合同生效之日起，至项目开始运营日后的一定期限。当然，在锁定期内，如发生以下特殊情形，可以允许股权变更：项目贷款人为履行本项目融资项下的担保而涉及的股权结构变更；将项目公司及其母公司的股权转让给社会资本的关联公司；如果政府参股了项目公司，则政府转让其在项目公司的股权不受上述股权转让变更限制。这些特殊情况作为锁定期股权变更的例外情形，可以在股东协议中予以明确。

③股权转让受让方的要求和限制。在社会资本方的选择上，政府是看中社会资本方的融资能力及对项目建设运营的履约能力，所以政府方还可能会约定对受让方的资质要求和限制。在一些特定的项目中，政府方也有可能不希望特定的主体参与PPP项目，因此可能直接在合同中约定禁止将项目公司的股权转让给特定的主体。

（三）特许经营协议

水利工程PPP项目是特许经营项目，实施机构应当与依法选定的投资人签订初步协议，约定其在规定期限内注册成立项目公司，并与项目公司签订特许经营协议。政府特许经营协议是法定的行政协议，根据国务院部门法规和规章、地方性法规和规章等规定，水利工程 PPP 特许经营协议通常包括以下主要内容：

（1）项目边界。主要约定项目概况和项目运营的范围和期限等，明确项目公司的权利边界和限制。特许经营期限根据行业特点、经营规模和方式等因素确定，合同中可以约定期限届满时可以延期的情形以及延期的程序。特许经营权授予的方式为：在一定期限内，政府授权特许经营者独家权利，项目公司需要落实投融资方案；负责组织项目施工；特许经营期内负责整个枢纽工程（包括电站、闸坝、船闸等）的运行、设施的维护、更新改造、日常管理等。特许经营期期满后将项目完好、无偿移交给政府或政府指定的机构。

（2）双方的权利与义务。主要对政府方、项目公司的具体权利和义务进行更详细、具体、明确的约定。政府方主要享有监督权、验收权等权利，履行合理补偿、临时接管、负责征地移民等义务。项目公司主要享有特许经营权、获得回报权、获得赔偿等权利，履行履约担保、负责投融资、施工、维护和管理、信息公开等义务。

（3）项目建设。包含新建或改扩建内容的 PPP 项目，主要约定包括项目的施工、验收、质量控制及相应的违约条款。政府方可以很好地控制合同的履行，促使项目公司和社会资本方按约履行合同，按时保质地完成项目的施工建设，确保政府方合同目的的实现。

（4）项目运营。主要约定运营管理基本原则、项目公司运营期间的责任及义务等内容。通过对项目运营的约定，可以促使项目公司和社会资本方更好地维护项目的良好运行，维护公共利益和安全，同时通过对项目公司经营权转让的限制，约束社会资本方全程履约，防止社会资本方的短期套现行为。

（5）项目融资与财务管理。由于 PPP 项目投资数额大、回报周期长，通常需要通过融资来为项目的建设、运营以及维护等提供充足的资金支持。主要约定融资的义务主体、项目资金的管理、监管措施等。通过约定可以促使社会资本方提供满足项目需要的资金，并约束项目资金专款专用，防止挪用项目资金进而影响本项目的进度和完成。

（6）项目移交。主要是对《PPP 项目合同》中项目移交进行更详细的约定，对项目移交的标准、程序、条件、违约责任等进行具体约定，从而保证在运营期届满后，移交的项目运行良好，继续为社会公众提供良好的服务，保证公共安全。如果该项目继续采用特许经营方式，在重新选择特许经营者时，同等条件下，原项目经营者优先获得特许经营权。

（7）协议终止。项目特许经营权期限届满，特许经营协议自动终止。同等条件下协议中的社会资本方享有优先权：特许经营协议提前终止，责任方承担终止责任，应该在特许经营协议中明确约定经济责任。在特许经营期限内，经营者不得擅自终止特许经营活动。如因不可抗力导致无法正常经营的经营者，可以向政府方提出提前终止特许经营权的申请，经政府审核后应当允许其提前终止特许经营权；如因不可抗力以外的其他原因需要提前终止特许经营权的，经营者应当提前向政府方提出申请，经政府批准后，可以提前解除特许经营合同。

（8）争议的解决。特许经营合同通常应适用我国法律，并按照我国法律进行解释。双方在发生争议时，首先应通过协商方式解决；协商不成时，双方可按照约定或法律规定申请仲裁或提起诉讼。在争议条款中还需明确约定双方在发生争议期间，对于合同无争议部分应当继续履行。除法律规定或另有约定外，任何一方不得以发生争议为由停止项目运营。

（9）不可抗力。发生不可抗力事件后，本协议的相关方应在不可抗力事件发生后立即通知其他方，并积极采取补救措施以维护公共利益、减少损失或避免损失扩大。当不可抗力事件持续发生时，合同一方当事人应及时向另一方当事人提交中间报告，说明不可抗力和履行合同受阻的情况。

（10）与《PPP 项目合同》基本一致内容。履约担保、法律变更、协议的解除和违约处理等内容与《PPP 项目合同》基本一致。

第八章　韩江高陂水利枢纽工程 PPP 项目建设与运行管理

有别于传统的水利工程项目，PPP 模式下实施的水利工程项目的建设与运营管理有其独特之处。针对韩江高陂水利枢纽工程 PPP 项目，本章分析 PPP 模式的建设管理和运营，分析项目公司在运营阶段可能遇到的风险。

第一节　项目建设管理

在长期的水利工程建设中，我国积累了丰富的建设管理经验，但是以 PPP 模式开展水利工程建设是一种新的尝试，PPP 模式强调对项目全生命周期的管理，独特的建设管理特点也增加了建设管理的难度。

一、实施机构

在实施 PPP 项目时，公共部门分为协调机制组和实施机构两个部分。协调机制组负责全面统筹工作，协调跨部门和机构的联络、审批等事务，保证项目有序推进。财政部印发的《政府和社会资本合作模式操作指南（试行）》（财金〔2014〕113 号）规定县级及县级以上地方政府负责建立 PPP 项目协调机制，完成项目审批、组织协调以及监督检查等有关工作。实施机构是在 PPP 项目中与社会资本签约的主体。PPP 项目实施机构由政府或政府指定的相关机构担任，是在政府授权范围内负责具体 PPP 项目的准备、采购、监管和移交等工作的主体；是平等参与具体 PPP 项目，与社会资本协商、谈判，建立合作关系的主体；是 PPP 项目中重要的参与主体。根据财政部《操作指南（试行）》的规定，有三类主体可以作为 PPP 项目实施机构：一是政府；二是政府指定的有关职能部门；三是政府指定的相关事业单位。具体 PPP 项目操作中，常见的是政府相关职能部门或相关事业单位作为 PPP 项目的实施机构。

根据相关文件要求，高陂建设管理处被授权作为本项目的实施机构，负责组织本项目实施方案编制评审报批，协调相关政府部门开展项目相关前期准备工作，依法通过政府采购程序选定合适的社会资本方，代表政府与项目公司签订

《特许经营协议》，履行约定的权利义务，牵头实施项目监管。

二、运作方式

综合比较现有 PPP 项目运作方式，结合本项目特点和要求，参考国内大型水利枢纽工程 PPP 项目运作方式的实施经验，本项目采用建设—运营—移交（BOT）方式实施，即政府通过与项目公司签订《特许经营协议》授权项目公司负责本项目的投资、建设、运营维护，合同期满后项目资产及相关权利等移交给政府。

在本项目中，政府经评标委员会推荐确定广东水电二局股份有限公司为中标单位，承包内容依据招标文件规定，与广东水电二局股份有限公司签订《广东省韩江高陂水利枢纽工程 PPP 项目特许经营协议》。同时，广东水电二局股份有限公司按有关法律、法规规章及招标文件的要求组建项目公司。本项目的项目公司为广东粤水电韩江水利开发有限公司。项目公司成立后，政府再与其签订《广东省韩江高陂水利枢纽工程 PPP 合同》（简称“特许经营合同”，下同），授予项目公司特许经营权。

项目公司在特许经营期内负责整个水利枢纽工程（包括电站、闸坝、船闸等）的运营和维护，获得发电收入；承担枢纽运营维护的总成本费用、负责偿还项目贷款，支付移民生产安置长补基金；并执行广东省“三防指挥部”和韩江流域管理局下达的防洪、水资源调度指令。特许经营期为 35 年，特许经营期满，项目公司按照招投标文件和合同要求将枢纽工程完好、无偿移交给项目法人或梅州市政府指定的其他单位。

三、政府在建设管理中的作用

（一）项目设计

水利工程项目庞大，与生活区和农业区关系密切，受工程地质、水文情况影响。大部分 PPP 项目的初步设计都以公开招标为依据。可见政府在项目设计中起着不可忽视的作用。此外，在项目建设过程中，由于现实条件的变化，时常要求政府作出及时调整。因此，政府对项目的初步设计务必认真分析，确保工程概算合理。

其次，在工期设计上，由于建设期存在较多不可控的外部因素，如征地拆迁等，政府方在实施 PPP 项目时应合理约定工期，并积极承担征地拆迁等可能制约工期的工作。

（二）项目的安全与质量

水利工程 PPP 项目的安全与质量是建设管理的重中之重。但由于 PPP 项目参与主体的多元化，在进行顶层方案设计时，对于工程质量安全管理责任划分容易因考虑不充分而造成质量安全管理责任分配形式多样、责任边界不清等问题。同时，政策法规体系和监管体系不完善，使得合同内的安全和质量监管考核约束力不够。从目前国内水利工程 PPP 项目的实施案例来看，一般由政府出资代表代替政府部门进行项目日常的质量和安全监管。因此，政府需要做到：一方面，完善监管体系，明确建设验收流程及质量要求。强化 PPP 模式下项目治理结构的顶层设计，强化相关各方安全与质量管理履责能力建设，严格落实对各方的监督与考核责任。另一方面，理清各方职责，强化履约考核。明确政府、社会资本方以及各参建单位之间的责任和义务，避免安全与质量责任界定不清晰。

四、项目公司在建设管理中的职责

（一）项目概算

项目公司必须在政府的初步设计概算上进一步深入分析。因为工程实施过程中存在不确定性，项目的投资金额会加大。因此，社会资本方在投标前需要对项目及 PPP 实施方案进行充分调研，全方位了解实施过程中可能出现的风险，确保 PPP 实施方案中对工程变更和增加工程投资设定明确的分担机制，同时对项目概算进行仔细分析，对其中不合理之处与政府积极沟通协商。

（二）项目安全管理

根据合约，项目公司必须进行项目安全与质量管理。项目公司可以充分发挥其管理的灵活性，对质量安全管理既有对过程和结果的考核，也有相应的激励措施。

（三）运营前置

在 PPP 模式下，项目公司采取的是投、建、运一体化的管理模式。运营前置是指项目运营人员参与项目建设过程。通常，项目公司可以通过成立运营筹备组组织有经验的运营人员提前介入建设环节，加强与建设单位的沟通，把运营需求保障工作前移。这样既能避免运营初期的二次修改，又能及早发现建设期遗留的问题，确保项目投入使用后运营顺利。运营前置工作一般围绕工程建设的设计、系统及设备招标、合同谈判及执行、设计联络、安装、调试、综合联调、验收全过程开展。

（四）运营筹备

运营筹备是工程项目从建设期到运营期过渡的关键阶段，具有重要意义。运营筹备的工作内容较多，既涉及安全、设备管理，又涉及组织架构、员工规章和后勤，工作覆盖面广，涉及人员众多，成本管控要求高，需要足够重视。

因此，项目公司必须做好物资筹备管理；做好员工管理和培训，明确薪酬水平和组织体系；建设好规章制度。

第二节　项目运营管理

一、工程运营管理

高陂建设管理处负责对项目公司特许经营进行监督和管理，配合政府定期对其进行绩效考核，负责库区基金、临时淹没补偿基金、移民生产安置长补基金的管理，负责库区的维护、库区移民管理、临时淹没补偿等。

项目公司在特许经营期内负责整个枢纽工程（包括电站、闸坝、船闸等）的运行和维护，负责偿还项目贷款，支付移民生产安置长补基金。特许经营期满，将项目移交梅州市政府或指定单位。项目公司服从广东省“三防指挥部”和韩江流域管理局下达的防洪、水资源调度指令，高陂建设管理处负责监督。工程运营期组织结构详见图 8－1。

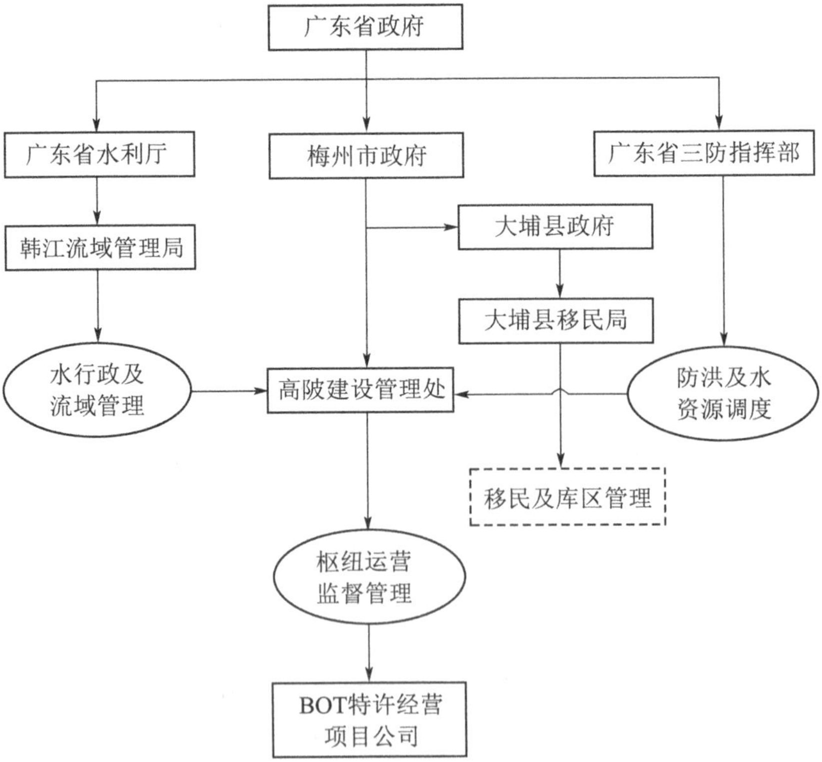

图 8－1　工程运营期组织结构

二、运营风险分析

（一）项目建设运营的主要风险

项目存在的主要风险有电力市场、技术与工程、组织管理、政策和融资等风险。

电力市场风险主要是电网对上网电量的接纳及上网电价达不到预期，严重影响枢纽财务状态。技术与组织管理风险主要是投资增加超过预期、建设工期拖延影响枢纽建设任务和目标的实现。政策和融资风险主要是因政策调整引起融资环境变化，贷款利率提高。

（二）项目的主要风险因子识别

根据本枢纽的特点，项目投资大，但政府资本金比例大，债务资金比例小，项目公益性为主，仅有电站发电收入来还贷、回报社会资本金和维护枢纽正常运行和良性循环。经分析，电力市场上网电量和电价达到预期与否对吸引社会资本金和企业资本金财务内部收益率影响大。工程投资和贷款利率风险同样变化增长，对吸引社会资本金及其财务内部收益率影响小。因此，电力市场的上网电量和电价是主要的影响因子。

（三）风险对策

根据本项目推荐的融资运营模式，政府可转移的风险即项目的技术与工程风险、组织管理风险、融资风险、建设、运营风险由项目公司承担，政府的自留风险即电力市场风险及法律、政策调整等政策风险由政府承担，自然灾害等不可抗力风险由双方共同承担。

（四）风险成本

根据《韩江高陂水利枢纽工程 PPP 项目财政可承受能力论证和物有所值分析报告》和财政部《政府和社会资本合作项目物有所值评价指引（试行）》中相关规定，经分析特许经营期内广东省政府每年所承担风险支出责任为 484.84 万元。

三、政府支持方式

（一）财政补贴政策

（1）当建设期因政策性原因引起工程投资增加等，需按基本建设程序报批后，由广东省政府承担工程公益性部分投资（除合同规定的银行贷款和企业资本金外）增加部分，省级以上资金实行定额补助。

（2）建议省政府和梅州市政府帮助高陂建设管理处和项目公司与电网积极协调上网电价政策事宜，协调电网公司给予优先购买韩江高陂水利枢纽工程电力的承诺。当上网电价达不到预期时，由省政府价格综合管理部门根据国家相关政策和实际情况具体批复。

（二）保障社会资本合法权益

（1）根据有关文件精神，社会资本投资建设或运营管理重大水利工程，与政府投资项目享有同等政策待遇，不另设附加条件。

（2）社会资本投资者可按协议约定的权利依法转让、转租、抵押其相关权益，征收、征用或占用的，要按照国家有关规定或约定的程序经审批后给予补偿或者赔偿。

（3）本工程在枯水年根据省政府的指示需要调配水资源，增加枯水时段下泄流量，甚至牺牲发电收益，将水库水位降低到死水位以下。遇此情况，由省政府负责协调给予项目公司适当的补贴。

（4）运营期取得超出预期的利润率时，由法人单位与项目公司商定合理的利润分成比例。

（三）实行税收优惠政策

本项目属于原中央苏区，参考西部政策，为鼓励社会资本参与重大水利工程建设运营，减少企业负担，实行税收优惠，执行免3减3的优惠政策（自项目取得第一笔生产经营收入所属纳税年度起，第一年至第三年免征企业所得税，第四年至第六年减半征收企业所得税）。

四、必要的配套措施

（一）政府土地租赁承诺

韩江高陂水利枢纽工程征地移民资金来源于省财政资金，且由高陂建设管理处委托地方政府负责实施，因此工程土地使用权为高陂建设管理处（梅州市）所有，而不是投资人组建的项目公司所有。因此需要政府作出土地以名义价格租赁给项目公司的承诺，否则其上建筑物无法形成项目资产，从而影响BOT项目公司的良性运行。

（二）征地移民保障

梅州市政府负责韩江高陂水利枢纽工程用地的征用及移民安置等有关前期工作的实施，要及时落实施工交地工作，以保障项目公司组织建设枢纽和建成后的运营管理。

（三）退出机制

（1）建立健全社会资本退出机制。按合同有关规定，在严格清产核资、落实项目资产处理和确保枢纽工程安全运行条件下，允许社会资本退出（建设期除外），并按约定的特许经营合同合理处置有关财务事宜。否则将承担按合同规定的经济和法律责任。

（2）因特许经营 35 年期限届满而重新选择特许经营者时，在同等条件下，原项目公司优先获得特许经营权。

（3）因法律、政策修改、废止或重大调整需更改特许经营合同的，由高陂建设管理处提出并与项目公司协调，若无法达成一致，允许项目公司退出并按约定的合同合理处理有关财务和补偿事宜。

（4）提前终止及补偿。根据以下情况，项目可提前终止：

①当项目公司违反特许经营合约，违反政策法律法规，擅自运行并危害公共利益和安全、影响枢纽安全，产品和服务达不到规定的标准和要求，违反特许经营合约管理职责和范围，严重损害高陂建设管理处和地方利益等时，政府有权介入。当政府介入后，仍然无法补救项目公司违约时，可报梅州市政府批准后提前收回特许经营权。项目公司并因此承担合同规定违约的经济和法律责任。

②高陂建设管理处发生违约事件时，项目公司有权发出终止协议的意向通知。

③发生不可抗力，特许经营协议签订双方无法协商一致继续履行各自义务时，双方有权向对方发出终止协议的意向通知。

以下情况，项目公司获得终止补偿：

特许经营协议提前终止，高陂建设管理处或梅州市人民政府指定单位应按照《特许经营协议》的规定接收项目公司的资产，支付项目公司相应补偿。具体的补偿原则和补偿标准在协议中明确。

（四）风险防范和监督机制

政府和投资者应对项目可能产生的政策风险、商业风险、环境风险、法律风险等充分论证，完善合同设计，健全纠纷解决和风险防范机制。建立独立、透明、可问责、专业化的项目监管体系，形成由政府监管部门、投资者、社会公众、专家、媒体等共同参与的监督机制。

按照投资各方风险收益对等的原则，合理分配项目融资运营风险。原则上，项目的建设、运营风险由项目公司承担，法律、政策调整风险由政府承担，自然灾害等不可抗力风险由双方共同承担。

临时淹没补偿基金由政府财政负责逐年拨付；移民生产安置长补基金与枢纽

共存亡，特许经营期内由项目公司保障逐年支付，特许经营期后由接管的运营单位负责逐年支付；建立退出机制，保障枢纽顺利实施和安全运行。

（五）管理及监督

（1）制定应急预案。高陂建设管理处和项目公司应对自然灾害等突发事件制定突发事件应急预案，报高陂建设管理处和梅州市人民政府审批。在发生危及或可能危及公共利益、公共安全等紧急情况时，应及时启动应急预案，最大限度保障工程的正常运行和公共安全。

（2）加强风险管理，全面进行工程保险。由于项目资金规模大、建设工期长，负责项目实施的项目公司及其他相关参与方需要对项目融资、建设、运营等不同阶段的不同类型的风险分别进行投保。通过合同约定建设期需要投保的相关险种，要注意保险期限与项目运营期相关保险在时间上的衔接。

（3）进行绩效考核与评价。由省政府会同梅州市政府对项目公司的建设和运营定期进行绩效考核与评价，建立健全考核、评价体系和方式方法，根据考核评价结果和项目运作情况，依据合同约定对项目的财政补贴等进行规范调整，并总结可复制可推广的经验，激励社会资本通过管理、技术创新提高公共服务质量和水平。

第九章　韩江高陂水利枢纽工程 PPP 项目绩效管理和风险管理

在 PPP 项目全生命周期过程中，绩效管理和风险管理是两种极为重要的监管手段和方法。针对韩江高陂水利枢纽工程 PPP 项目，本章分别围绕政府监管、绩效管理、绩效评价、动态风险评估体系及风险化解方案进行阐述。

第一节　项目政府监管

一、PPP 项目政府监管责任与要求

PPP 模式涉及众多参与方，包括政府机构、社会资本方、公众等多方主体。韩江高陂水利枢纽工程开发任务以防洪、供水为主，兼顾发电和航运等综合利用，项目建设运营对保障沿线居民生命财产、经济社会稳定具有重要的意义。该项目涉及广泛的公众利益，因此有效的政府规制和监管是保障该 PPP 项目顺利实施的重要措施。

在 PPP 项目的执行过程中，政府监管机构的职责在于监督政府机构与社会资本方依法、依约履行 PPP 项目合作协议，监督其他各相关主体方依法参与 PPP 项目，确保 PPP 项目的有序建设与运营。从保障公共利益的视角，政府监管应贯穿水利枢纽工程 PPP 项目的全生命周期，监管周期长，实施监管过程中涉及的职能部门众多，包括发改、财政、国土、水利、环保、审计等众多部门，这需要相关政府机构在 PPP 项目的实施过程中密切协作，以保证在高效完成对 PPP 项目监管的同时，为 PPP 项目的顺利实施提供保障。

政府对 PPP 项目的监管机制和措施主要是通过签订 PPP 项目合同来实施，在 PPP 项目合同中明确 PPP 项目的交易边界，界定各方的责、权、利，对水利枢纽工程建设期和运营期的投资额、建设进度、建设标准、服务标准、调价机制、安全和应急措施、退出机制等多项核心条款进行监管，实现政府对项目的全生命周期动态监管。按监管范围划分，包括对项目投资、建设、运营和移交全过程的监管。按监管时序划分，包括事前监管、事中监管和事后监管。按监管层级

划分，可分为一般监管、特殊监管和最终监管。如果涉及一般违约事件，则以经济处罚为主，政府实施一般监管；如果涉及公共安全等紧急事件，为确保公众利益政府则拥有介入权并实施特殊监管；如果项目公司严重违反PPP项目合同中的相关规定，则政府有权实施最终监管，采取包括收回特许经营权在内的制裁措施。

表9-1　PPP项目绩效监控工作程序及工作内容

序号	工作程序	工作内容
1	确定绩效监控目标	各级财政部门应根据PPP项目工作推进计划，各级行业主管部门、项目实施机构应根据PPP项目合同的约定，选择可进行跟踪和检查的绩效目标
2	制定绩效监控方案	根据绩效监控的目标与要求制定PPP项目绩效监控方案，包括项目背景和基本情况、绩效监控目标主要监控指标、主要调查方法以及监控工作的组织与实施
3	开展绩效监控	依据重点绩效目标，采用抽查资料、抽样调查、采样调查、现场检查、考核等方式对PPP项目管理的相关内容和绩效目标要求的完成情况实施绩效监控，归集监控信息
4	进行偏差分析	根据绩效监控信息对照重点绩效目标发现项目绩效运行偏差，分析偏差原因
5	提出纠偏路径	依据偏差分析结合项目实际提出实施纠偏的路径和方法
6	及时实施纠偏	项目绩效运行情况与项目实施阶段设定的绩效目标发生较大偏离时，绩效监控主体应及时查找问题，分析原因，采取措施，及时纠偏
7	形成绩效监控结果	依据项目基本情况、目标设定、组织实施、绩效目标完成情况、偏差分析及纠偏建议等，形成绩效监控结果，撰写绩效监控报告

根据如表9-1所示的绩效监控程序，各级财政部门、行业主管部门、项目实施机构应及时将绩效监控发现的偏差信息反馈给相关部门、社会资本方或项目公司，并督促其及时完成纠偏工作。绩效监控结果可作为预付费及年度绩效评价的主要依据。

二、项目监管与组织保障

（一）组织机构

广东省政府授权梅州市政府组建高陂建设管理处作为韩江高陂水利枢纽工程

的项目法人。广东省水利厅及韩江流域管理局承担行业技术指导及工程建设运营的监督管理。高陂建设管理处通过公开方式招标引进 BOT 方式的社会投资人，由社会投资人组建项目公司（独立法人），高陂建设管理处代表梅州市政府授予项目公司特许经营权负责工程项目施工建设和建成后的枢纽运营。移民征地及移民安置规划的实施由大埔县人民政府总承包，并由县移民局负责具体组织实施。

（二）建设期组织管理

广东省水利厅是地方（省）水利行业主管部门，主要负责本项目的前期工作，包括项目的前期立项、组织编制项目建议书、可行性研究设计和初步设计省级审查，负责项目行业指导和监督管理，主持或参加工程竣工验收等工作。高陂建设管理处（代表梅州市政府）负责落实省级以上投资，监督社会投资人落实投融资计划；通过招投标选择项目设计单位和监理，组织和协调征地移民工作，负责库区移民临时避洪的组织和管理；负责工程质量、安全、进度管理和工程验收；协调项目建设的外部环境和有关建设各方的关系，负责库区水资源和生态保护。项目公司负责按项目进度计划落实投融资资金，全面负责工程项目的社会资本融资、建设管理、特许期内的运行管理；承担该工程项目的贷款偿还责任；负责组织项目施工，确保项目优质、按时投产，对工程质量、进度、工期、安全生产、资金进行管理，监督和检查各参建单位全面履行工程建设合同；保障高陂建设管理处所需年运行经费和移民生产安置长补基金的支付。

（三）运行期组织管理

广东省三防指挥部和韩江流域管理局（代水利厅）的职责是向项目公司和高陂建设管理处下达防洪、水资源调度指令，由项目公司负责实施，高陂建设管理处对实施情况进行监督。高陂建设管理处代表梅州市政府负责监管项目公司在特许经营期内做好枢纽工程的管理维护并进行绩效考核，同时负责做好水库移民后续扶持、临时淹没补偿基金、移民生产安置长补基金的管理及水库库区管理等工作，确保国家资产、库区移民群众基本利益不受侵害。项目公司负责韩江高陂水利枢纽正常的发电、航运等功能运营，负责偿还项目债务资金，支付库区基金和移民生产安置长补基金；加强对生产设施、设备的运行维护和更新改造，确保基础设施完好；在项目特许经营期届满时，办理工程项目移交手续，将项目资产无偿移交给梅州市政府指定单位。

（四）特许经营权投标人核心资质条件

鉴于该工程承担的公益性及专业性较强，工程工期长，投资规模大，韩江高陂水利枢纽工程特许投标人宜选择经济实力雄厚、融资能力强、具有大型水利工程建设和运行管理经验丰富的企业或联合体。要求投标人（联合体）在行业建设管理方面的资质满足如下框架性规定：

（1）项目公司必须由具有大中型水利工程建设管理经验的企业承担，其派出的项目经理应承担过5年以上类似水利枢纽工程项目经理职位的工作；

（2）项目公司具有一级水利工程建筑安装企业资质或甲级（项目管理）咨询企业资质，至少承担过一个类似工程或两个中型水利枢纽工程的建筑安装和管理工作；

（3）在项目公司中，至少有一名成员具有5年以上运行管理类似工程或大中型水利枢纽工程的经验。

（五）人才保障

在人才保障方面，要求梅州市政府组建的高陂建设管理处由专业技术和具有同类项目建设管理经验的人才队伍组成，通过行业内部选拔或面向社会公开招聘的形式组建一支能力强、肯干事的专业管理队伍。

在招标文件和特许经营权合同中规定，项目公司拟选派的项目经理具有相应的执业资格，有同类项目建设和管理经验，并配备专业技术配套齐全的技术人员。

第二节　项目绩效管理

一、PPP绩效管理流程

PPP项目的绩效管理是在基础设施和公共服务领域，以PPP项目为载体，以绩效管理为手段，以实施结果为导向，以绩效提高为目标，对PPP预算资金安排、使用情况实施全过程管理，以控制并节约项目资金，最大化确保预算安排资金使用经济、高效。在PPP项目全生命周期过程中，PPP项目绩效管理应包括绩效目标和指标管理、绩效监控管理、绩效评价、评价结果反馈评价结果应用，形成完整的闭环系统。

《〈政府和社会资本合作（PPP）项目绩效管理操作指引〉征求意见稿》（财办金〔2019〕39号）提出，PPP项目绩效管理是在PPP项目中融入“全面实施绩效管理”理念和要求，各级政府财政部门、行业主管部门、项目实施机构将绩效管理、绩效监控、绩效评价、评价结果应用纳入项目立项、项目设计、预算管理项目执行及监督的全过程。PPP项目绩效管理结果纳入对项目实施机构及行业主管部门、预算主管部门工作目标考核范畴。建立问题整改责任制和绩效问责机制作为部门工作考评、干部任命、改进政府管理效能的依据。绩效结果作为 PPP 项目决策的依据，利于优化资源配置，控制节约成本，提高财政资金使用效益；绩效结果作为政府可行性缺口补助支付的依据，可以激发项目公司改进管理持续提高公共服务水平。在水利 PPP 项目绩效管理流程中，绩效评价是 PPP 项目管理中的主要手段，不仅是政府支付可行性缺口补助和奖惩的依据，还有助于项目公司发现绩效管理中存在的问题并研究提出改善绩效意见。绩效评价既是对项目公司所确定的绩效目标实现程度的考核，更是对其进行激励的手段；既是政府相关部门监管 PPP 项目的主要内容，也是规范 PPP 项目主管部门和财政部门有效履行监管的主要环节。

二、项目绩效管理及监督保障

（1）签订特许经营合同，加强合同管理。根据 2015 年 1 月财政部印发的《PPP 项目合同指南（试行）》，要求加强对 PPP 合同的起草、谈判、履行、变更、解除、转让、终止直至失效的全过程管理，通过合同正确表达意愿，合理分配风险，妥善履行义务，有效主张权利，是政府和社会资本长期友好合作的重要基础，也是 PPP 项目顺利实施的重要保障。

梅州市人民政府授权高陂建设管理处与项目公司通过签订 PPP 项目合同，对工程建设运营中的资产产权关系、责权利关系、建设运营标准和监管要求、收入和回报、合同解除、违约处理、争议解决等内容予以明确。政府和投资者应对项目可能产生的政策风险、商业风险、环境风险、法律风险等进行充分论证，完善合同设计。

（2）政府部门对项目实施监管。广东省水利厅、梅州市水务局依法加强对工程建设运营及相关活动的监督管理，强化质量、安全监督，依法开展检查、验收和责任追究，确保工程质量、安全和公益性效益的发挥。发展改革、财政、城乡规划、土地、环境等主管部门也要按职责依法加强投资、规划、用地、环保等监管。由梅州市大埔县政府负责移民安置规划的组织实施，广东省移民局对建设和运营全过程、移民安置、后期扶持、生产安置长补基金管理进行监管。水利部稽查办连续多年不定期安排检查组对工程建设管理进行稽查。中央审计署及省市专项审计组每年安排对工程建设资金管理进行审计，进一步保障工程资金安全。市总指挥部高度重视资金审核工作，安排一名熟悉项目建设管理、具有丰富资金管理经验且综合协调能力强的财务总监对工程建设资金管理进行全方位监督，确保工程建设资金安全、高效。

（3）制定应急预案。高陂建设管理处和项目公司应对自然灾害等突发事件制定突发事件应急预案。在发生危及或可能危及公共利益、公共安全等紧急情况时，及时启动应急预案，最大限度保障工程的正常运行和公共安全。突发事件一般包括自然灾害类、事故灾难类、社会安全事件类和其他突发事件。编制应急预案一般包括工程概况、突发事件分析、应急组织体系、预案运行机制、应急保障、宣传培训与演练等内容。

（4）加强风险管理，全面进行工程保险。通过合同约定建设期需要投保的相关险种，如建筑工程一切险、安装工程一切险、建筑施工人员团体意外伤害保险等，并落实各方的责任和义务。注意保险期限与项目运营期相关保险在时间上的衔接，注意运营期需要投保的险种、保险范围、保险责任期间、保额、投保人、受益人、保险赔偿金的使用等。由于项目资金规模大、建设工期长，负责项目实施的项目公司及其他相关参与方需要对项目融资、建设、运营等不同阶段不同类型的风险分别进行投保。鉴于项目所涉风险的长期性和复杂性，为确保投保更有针对性和有效性，建议在制定保险方案或签署保险合同前先咨询专业保险顾问的意见。

（5）单位内部监管。项目法人单位为规范使用资金及时发现漏洞降低资金管理风险，经公开招标选取会计师事务所对工程建设资金管理进行内部跟踪审计，进一步加强工程资金监管能力。

（6）进行绩效考核与评价。开展工程项目绩效考核与评价，建立健全考核、评价体系和方式方法，根据考核评价结果，依据合同约定对上网电价或财政补贴等进行调整，激励社会资本通过管理、技术创新提高公共服务质量和水平。考核内容主要包括枢纽工程大坝等建筑物（安全监测内容）及闸门、调度运行执行情况、运行费、财务收入支出情况。每 2 – 3 年考核一次。

第三节　项目风险动态管理

PPP 项目使政府和社会资本合作双方通过签订合同或者协议的方式建立风险分担、利益共享的关系。与 PPP 相关的主要风险大体可以分为内部风险和外部风险。其中，内部风险主要包括项目的建设、运营、融资及收益风险，外部风险主要包括整体的经济风险、法律法规和相关的政策风险以及不可抗力因素导致的风险。根据风险由最适宜的一方承担的原则，应将风险在政府和社会资本之间合理分配。

韩江高陂水利枢纽工程项目不但要耗费大量的资金、物资和人力等宝贵资源，且具有一次性投资和固定性特点，一旦建成很难更改，因此需要分析识别项目在建设和运营中或潜在的主要风险因素，揭示风险来源，判别风险程度，提出规避风险对策，避免、降低损失。

一、项目风险因素识别与分析

项目投资分析应着重识别以下风险：

（1）组织管理风险。组织管理风险主要是指由于项目组织管理模式不合理、项目内部组织不当、管理混乱或者管理能力不足、人格缺陷等导致投资大量增加、项目不能按期建成投产造成损失的可能性。

（2）施工技术风险。项目施工技术方面的风险主要指项目采用技术（包括引进技术）的先进性、可靠性、适用性和可得性与预测方案发生重大变化可能给项目带来的风险。

（3）工程风险。拟建项目工程风险主要包括由于工程地质条件、水文地质条件与预测发生重大变化，导致工程量增加、投资增加、工期拖长给项目带来的风险。

（4）投资估算风险。投资估算风险主要来自工程方案变动的工程量增加、工期延长，人工、材料、机械台班等各种费率、利率的提高，征地拆迁工作进展受阻等。近年来，我国物价水平明显上升，并有进一步上涨的趋势，物价上涨会带动人工、筑路材料、机械台班、征地拆迁补偿标准等各种费率的提高，从而增大投资，形成一定的投资风险。

（5）资金风险。资金风险主要包括由于拟建项目投资巨大，资金供应不足或者来源中断导致项目工期拖期甚至被迫终止，利率、汇率变化导致融资成本升高。从 1991 年至今，我国 5 年以上固定资产贷款利率多次调整，贷款利率的变化也会形成一定风险。

（6）市场风险。电力市场风险主要是指电站运行时由于电网供给出现过剩，电站的上网电量低于设计发电量的可能性。

（7）政策风险。政策风险主要来自两个方面：一是国家政策影响区域经济的发展，从而影响供水需求；二是国家由于某种政治或经济政策上的原因，对目前水利枢纽项目建设、运营、管理等方面政策法规发生变化。政策变化最终影响项目公司的经营成本和收入，从而影响项目的获利水平以及债务偿还能力。

（8）财务风险。从财务评价方面分析，本项目作为广东省重点投资建设项目，在拟定的经营年限、收费标准、运营成本等各项参数条件下，具有一定的盈利能力和偿债能力，并有一定的抗风险能力，因此财务风险较小。

（9）不可抗力风险。不可抗力风险通常分为两类：一是自然因素导致的不可抗力风险。由于不能合理预见的自然灾害（如地震、洪水、台风等）、病疫等事件导致本项目失败或收益大幅度减少的风险。二是因非自然因素导致的不可抗力风险。由于不可预见的战争、暴乱、罢工等事件发生导致本项目失败或收益大幅减少的风险。

二、风险成本

根据《韩江高陂水利枢纽工程 PPP 项目财政可承受能力论证和物有所值分析报告》和财政部《政府和社会资本合作项目物有所值评价指引（试行）》中相关规定，经分析特许经营期内，广东省政府每年所承担风险支出责任为484.84万元。

三、风险对策和风险分配基本框架

通过对韩江高陂水利枢纽工程 PPP 项目的风险识别与分析，给出结合特定风险类型的差异性的风险应对措施，对项目顺利实施是十分重要的。在风险应对方面，主要通过招投标选定社会资本时设定相应的资格条件，遴选建设运营能力强的社会资本方来降低施工技术风险和工程风险等；通过完善财务管理制度等来强化成本控制，降低财务风险；为了减少上网电价和上网电量对工程财务收入的影响，与电网公司签订上网电价和购电量的相关协议以保障上网电量和上网电价达到预期。若建设期因政策性原因引起投资增加等，广东省政府需对工程公益性部分投资（除合同规定的银行贷款和企业资本金外）兜底，确保工程建设资金充足。运行期如发生临时淹没补偿基金增加、上网电价、上网电量（小于预期发电量的98%）达不到预期等情况，广东省政府需增加财政补贴以满足企业合理的投资回报要求。

按照风险分配优化、风险收益对等和风险可控等原则，综合考虑政府风险管理能力、项目回报机制和市场风险管理能力等要素，在政府和社会资本间合理分配项目风险。风险分配的基本原则：①承担风险的一方应该对该风险具有控制力；②承担风险的一方能够将该风险合理转移；③承担风险的一方对于控制该风险有更大的经济利益或动机；④由该方承担风险最有效率；⑤如果风险最终发生，承担风险的一方不应将由此产生的费用和损失转移给合同相对方。

原则上，项目设计、建造、财务和运营维护等商业风险由项目公司承担，法律、政策和最低需求等风险由政府承担，不可抗力等风险由政府和社会资本方合理共担。风险分配基本框架如表9－2所示。

表 9－2　风险分配基本框架

编号	风险种类	风险承担方
1	组织机构风险	项目公司
2	施工技术风险	项目公司
3	工程风险	项目公司
4	投资估算风险	项目公司
5	资金风险	项目公司
6	市场风险	项目公司
7	政策风险	政府
8	财务风险	项目公司
9	不可抗力风险	政府和项目公司

第十章　重大水利工程 PPP 试点项目关键要素比较分析

本章将对《关于鼓励和引导社会资本参与重大水利工程建设运营的实施意见》（发改农经〔2015〕488 号）公布的第一批国家层面联系的社会资本参与重大水利工程建设运营试点项目关键要素进行比较分析，探索形成可复制、可推广的经验，推动完善相关政策。试点项目均匀分布在西北、华北、华南地区，涉及水源、供水、农田水利、流域和河道综合治理、水生态治理等多种类型，且多为新建项目，基本覆盖了 PPP 相关政策文件中提出的水利项目适宜领域。根据财政部与社会资本合作中心公开的项目库，第一批社会资本参与重大水利工程建设运营的 12 个试点项目中只有 9 个项目可以查找到相关资料，包括黑龙江奋斗水库、安徽江巷水库、四川大桥水库灌区二期、贵州马岭水利枢纽工程、甘肃引洮供水二期工程、新疆大石峡水利枢纽工程、广东韩江高陂水利枢纽工程、湖南莽山水库、重庆观景口水库。鉴于浙江舟山大陆引水三期、福建上白石水库、四川李家岩水库 3 个项目的相关资料在财政部的 PPP 中心公开项目库中没有显示，故不纳入比较分析。

第一节　项目总投资、建设期限和运营期限比较

总体而言，9 项大型水利工程项目均表现为整体投资规模较大，建设、运营期限较长，估算总投资超 3 793 794 万元，项目平均投资达到 421 533 万元，绝大多数项目均进入了项目执行阶段。其中，超过 80 亿元的项目 1 个，50 亿元到 80 亿元的项目 2 个，大部分项目投资额集中在 10 亿元到 40 亿元之间。新疆大石峡水利枢纽工程是试点重大水利项目中投资规模最大、施工难度最大、建设周期最长的工程，项目总投资近 90 亿元，工程总工期达 102 个月。

根据《关于推进政府和社会资本合作规范发展的实施意见》（财金〔2019〕10 号）及《基础设施和公用事业特许经营管理办法》（六部委第 25 号令）规定，PPP 项目合作期原则上应不低于 10 年。这九项大型水利工程项目（表 10－1）

中，合作期最短的 25 年，如四川大桥水库灌区二期；最长的达 40 年，如新疆大石峡水利枢纽工程、重庆观景口水库。平均运营年限为 32 年。

表 10－1　项目运营基本情况

序号	项目名称	总投资规模（万元）	建设期限	运营期限
1	黑龙江奋斗水库	141 976	2 年	28 年
2	安徽江巷水库	305 451	23 个月	30 年
3	四川大桥水库灌区二期	266 972	54 个月	25 年
4	贵州马岭水利枢纽工程	266 565	38 个月	30 年
5	甘肃引洮供水二期工程	745 000	70 个月	30 年
6	新疆大石峡水利枢纽工程	899 721	8.5 年	40 年
7	广东韩江高陂水利枢纽工程	591 866	66 个月	35 年
8	湖南莽山水库	189 443	48 个月	枢纽工程 BOT 30 年 灌区工程 BLT 10 年 文旅开发 BOT 30 年
9	重庆观景口水库	386 800	7 年	40 年

第二节　物有所值评价比较

一、定性评价比较分析

物有所值定性分析采用专家评分法，根据各项目实际情况邀请财务、项目管理、财政、金融、法律、工程咨询等物有所值评价专家组成专家组，通过评分表形成专家意见。定性评价指标由基本指标与附加指标构成。基本指标主要由全生命周期整合程度、风险识别与分配、产出绩效导向与鼓励创新、潜在竞争程度、政府机构能力、可融资性等相关指标构成。补充评价指标包括基础设施领域供给、行业示范性及法律和政策环境等相关评价指标。

表 10－2 列示了已进入执行阶段的 6 宗 PPP 项目的物有所值定性评价分数。从中可以发现，按照财政部物有所值评价指引中的要求，大部分 PPP 项目的评分

都远高于及格线60分，均通过定性评估。项目评分集中于80～89分区间；而处于70～79分的项目仅有2个；得分最高的为湖南莽山水库项目，为90.08分。

经汇总专家评分和评价意见，6个项目均通过物有所值评价。项目全生命周期整合程度高，风险分配与绩效模式合理，鼓励社会资本创新，能够形成有效竞争，政府机构能力较强，可融资性高，主要固定资产种类多，行业示范性强，能够准确测算全生命周期成本。

表10－2　物有所值定性评价量值

序号	项目名称	定性评价指标		权重	评估专家专业领域	定性评价分值
1	黑龙江奋斗水库	基本指标	全生命周期整合程度	15%	技术	通过
			风险识别与分配	15%	咨询	
			绩效导向与鼓励创新	15%		
			潜在竞争程度	10%		
			政府机构能力	10%	法律	
			可融资性	15%		
		附加指标	主要固定资产种类	8%	技术经济	
			行业示范性	6%		
			全生命周期成本测算准确性	6%	技术经济	
2	四川大桥水库灌区二期	基本指标	全生命周期整合潜力	10%	行业	79.17分
			风险识别与分配	20%	项目管理	
			绩效导向与鼓励创新	20%	财政	
			潜在竞争程度	5%	金融	
			政府机构能力	10%		
			可融资性	15%	法律	
			项目规模	4%		
			法律和政策环境	6%	财务	
			全生命周期成本估计准确性	6%		
			资产利用及收益	4%	工程	

续上表

序号	项目名称	定性评价指标		权重	评估专家专业领域	定性评价分值
3	贵州马岭水利枢纽工程	基本指标	全生命周期整合程度	15%	法律	84.85分
			风险识别与分配	15%	财务	
			绩效导向与鼓励创新	10%	造价工程	
			潜在竞争程度	15%	法律	
			政府机构能力	10%	工程	
			可融资性	15%		
		补充指标	项目规模大小	6%		
			预期使用寿命长短	5%		
			全生命周期成本测算准确性	9%		
4	新疆大石峡水利枢纽工程	基本指标	全生命周期整合程度	15%	财政	81.05分
			风险识别与分配	15%	资产评估	
			产出绩效导向与鼓励创新	20%	会计	
			潜在竞争程度	15%	金融	
			政府机构能力	5%	行业	
			可融资性	10%	工程技术	
		附加指标	基础设施领域供给	10%	项目管理	
			行业示范性	5%		
			法律和政策环境	5%	法律	
5	广东韩江高陂水利枢纽工程	基本指标	全生命周期整合潜力	15%	环境工程	79.19分
			风险识别与分配	15%	理论电工	
			绩效导向	15%	土木工程	
			潜在竞争程度	15%	环境工程	
			鼓励创新	10%		
			政府机构能力	10%	工程经济管理	
		附加指标	项目规模	6%	执业律师	
			资产利用及收益	7%		
			融资可行性	7%	高级会计师	

续上表

序号	项目名称	定性评价指标		权重	评估专家专业领域	定性评价分值
6	湖南莽山水库	基本指标	全生命周期整合程度	10%	财政	90.08 分
			风险识别与分配	15%	资产评估	
			绩效导向与鼓励创新	20%	会计	
			潜在竞争程度	10%	金融	
			政府机构能力	10%	经济评价	
			可融资性	15%	工程造价	
		附加指标	资产使用寿命	5%	行业	
			运营收入增长潜力	5%	工程技术	
			行业示范性	10%	法律	

二、定量评价比较分析

物有所值的量值大于或等于 0，则项目符合物有所值定量评价，可以使用 PPP 模式；物有所值的量值越高，项目采用 PPP 模式越合适，获得的收益越大。由表 10－3 列出的项目物有所值定量分析结果可知，已进入执行阶段的 6 个 PPP 项目 VFM 超过 0，且 VFM 指数大于 5%，表明项目均通过物有所值体系的检验，以 PPP 模式替代传统采购模式具有现实价值，能够让政府资金产生更大的经济效益。其中，物有所值的量值最高的为广东韩江高陂水利枢纽工程项目，为 593 181.79 万元，其物有所值指数为 58.54%。

表 10－3　物有所值定量评价量值

序号	项目名称	PSC 值/万元	PPPS 值/万元	物有所值量值/万元	物有所值指数
1	黑龙江奋斗水库	60 672	41 516	19 156	31.57%
2	四川大桥水库灌区二期	65 082.03	56 175.61	8 906.41	13.68%
3	贵州马岭水利枢纽工程	212 651.87	118 811.80	93 840.07	44.13%
4	新疆大石峡水利枢纽工程	286 370.33	253 867.39	32 502.94	11.35%
5	广东韩江高陂水利枢纽工程	1 013 309.36	420 127.57	593 181.79	58.54%
6	湖南莽山水库	183 166.32	152 429.51	30 736.81	16.78%

第三节 投融资模式比较

一、资金来源

总体而言，九项大型水利工程项目均表现为融资规模较大，融资期限较长。结合表10-4对各个项目的资金来源进行分析：

从财政支持及项目投资构成来看，中央财政在资金来源上总体上发挥了“四两拨千斤”的作用，通过现有渠道统筹安排资金予以支持，积极引导水利工程建设，提高了地方水利基础设施的投资建设和运营效率。

黑龙江奋斗水库工程内容包括两个部分：①奋斗水库。工程总投资为141 976万元，其中资本金132 787万元，利用银行贷款9 189万元（含建设期利息）。奋斗水库资金来源包括中央预算内投资定额补助79 670万元，黑龙江省政府专项资金拨款20 000万元；其余部分自筹。②奋斗水库配套供水工程。概算53 929万元，其中工程费用43 147万元，工程建设其他费用6 178万元，预备费2 466万元，铺底流动资金82万元，建设期贷款利息2 056万元。

安徽江巷水库项目工程总投资305 451万元，其中中央财政性资金160 470万元，安徽省政府投入的财政资金53 491万元，定远县政府投入的财政资金16 368万元。同时，江巷水库共吸引社会资本75 122万元（包括贷款本金35 277万元，建设期利息2 629万元，企业资本金37 216万元），占工程总投资的24.6%。

四川大桥水库灌区二期项目总投资266 972万元（不包含田间工程），其中工程部分投资208 223万元，占总投资的78%；建设征地及移民补偿投资46 757万元，占总投资的18%；水土保持工程投资4 750万元，占总投资的2%；环境保护工程投资3 419万元，占总投资的1%；建设期融资利息3 823万元，占总投资的1%。项目总投资中，中央与四川省补助资金188 227万元，本级政府自筹78 745万元。本级政府自筹资金通过PPP模式解决，其中项目资本金占比66%，融资占比34%。项目资本金中政府股权出资占比10%，社会资本方股权出资占比90%。

贵州马岭水利枢纽工程，根据签署的PPP协议，初步设计批复的工程静态投资概算金额为266 565万元，其中中央补助98 380万元，省级出资65 592万元，贷款102 593万元（含建设期利息）。

甘肃引洮供水二期工程批准总投资745 000万元，其中中央预算内投资322 000万元，利用银行贷款100 100万元，其余资金由甘肃省自筹解决。引洮供水二期工程受益区范围大且为经济欠发达地区，区域内人口分散，群众水价承受能力偏低，加上工程线路长、工期长，供水成本很高，全面按照市场化引入社会资本开展项目建设及运营所面临的问题比较突出。因此，地方政府选择了引洮供水二期工程中承担城镇供水任务项目收益相对较高的叶堡（秦安）供水管线工程小范围进行PPP融资运营模式先行尝试，如合作方案可行，再借鉴复制并扩大合作范围。叶堡（秦安）供水管线静态总投资约21 100万元，计划全部依靠筹集企业资本金解决建设资金，按照BOT模式招募项目公司进行融资。工程建设期间，项目公司负责融资和工程建设管理。特许经营运行期间，项目公司负责工程的运营和维护，如有贷款，则要负责还本付息。

新疆大石峡水利枢纽工程项目总投资899 721万元，其中资本金506 094万元，银行贷款393 627万元。项目资本金506 094万元中，中央补助资金303 650万元，自治区补助资金9 500万元，社会资本方出资192 944万元。除资本金以外的其他资金由社会资本方以项目公司作为贷款主体向银行贷款融资，政府方不承担融资风险。大石峡项目采用BOT（建设—运营—移交）运作模式，特许经营期48.5年（其中建设期8.5年）。项目公司由通过竞争程序选定的社会资本方和自治区政府指定的出资代表组建，股权比例分别为99%和1%。注册资金按照项目公司的资本金额度设置，即155 944万元，由社会资本方全额以货币资金出资，并在项目公司设立后规定时间内按《特许经营协议》约定根据工程建设需要分期注入；政府方出资代表不出资，占1%的股份。

广东韩江高陂水利枢纽工程根据水利部批复的初步设计概算进行投资建设，总投资为591 866万元，其中中央投资301 450万元，省级政府投资94 816万元，社会投融资195 600万元（其中社会资本金100 500万元，银行融资借款95 100万元）。

湖南莽山水库工程总投资189 443万元（水库枢纽105 763万元、灌区骨干工程及五条主要支渠83 680万元），建设期利息3 853万元，其中政府资金143 590万元（枢纽资本金59 910万元，灌区资本金83 680万元）。①枢纽工程总投资105 763万元，其中政府资本金59 910万元，建设期利息3 853万元，项目法人投资42 000万元（中标价）。项目法人投资42 000万元中30%作为项目法人资本金，即12 600万元，其余29 400万元由项目法人通过银行贷款等方式融资。投融资额度占总投资的22.6%。②灌区工程中央及省配套资金60 668万元，县财政配套资金23 012万元由项目法人负责筹措到位，建设期不支付利息，项目竣工后移交政府管理，工程款由县政府分3年按4：3：3偿还，偿还期资金利息按8.55%计息。

重庆观景口水库总投资386 800万元，政府方出资346 800万元，其中中央补助投资149 700万元，市财政补助121 100万元，南岸区政府和巴南区政府各承担 38 000 万元，社会资本方出资 40 000 万元。特许经营期内由社会资本方出资建设观景口水库供水范围内的水厂，估算投资 120 000 万元。

表 10－4　项目资本金来源

序号	项目名称	总投资规模/万元	政府资助	社会投融资
1	黑龙江奋斗水库	141 976（不含配套供水工程）	中央投资定额补助 79 700 万元，黑龙江省政府专项资金拨款 20 000 万元	社会资本自筹 42 276 万元
2	安徽江巷水库	305 451	中央财政性资金 160 470 万元，安徽省政府投入财政资金 53 491 万元，定远县政府投入财政资金 16 368 万元	社会资本 75 122 万元
3	四川大桥水库灌区二期	266 972	中央与四川省补助资金 188 227 万元	社会资本自筹 78 745 万元
4	贵州马岭水利枢纽工程	266 565	中央补助 98 380 万元，省政府出资 65 592 万元	贷款 102 593 万元（含建设期利息）
5	甘肃引洮供水二期工程	745 000	中央预算内投资 322 000 万元，甘肃省内自筹 322 900 万元	银行贷款 100 100 万元
6	新疆大石峡水利枢纽工程	899 721	中央补助资金 303 650 万元，自治区补助资金 9 500 万元	社会资本方出资 192 944 万元。其他资金由社会资本方以项目公司作为贷款主体向银行贷款融资，政府方不承担融资风险
7	广东韩江高陂水利枢纽工程	591 866	中央投资 301 450 万元，省政府投资 94 816 万元	社会投融资 195 600 万元，其中社会资本金 100 500 万元，银行融资借款 95 100 万元

续上表

序号	项目名称	总投资规模/万元	政府资助	社会投融资
8	湖南莽山水库	189 443 万元，其中水库枢纽工程 105 763 万元；灌区骨干工程及五条主要支渠 83 680 万元	政府资金 143 590 万元，其中水库枢纽工程资本金 59 910 万元，灌区资本金 83 680 万元	水库枢纽工程由项目法人投资 42 000 万元
9	重庆观景口水库	386 800	政府方出资 346 800 万元，其中中央补助投资 149 700 万元，市财政补助 121 100 万元，南岸区政府和巴南区政府各承担 38 000 万元	社会资本方出资 40 000 万元

二、融资运营模式比较

（一）BOT 模式

随着国发〔2014〕43 号文的发布，政府与社会资本合作（PPP）开始进入人们视野，BOT 作为一种合理的项目运作模式逐步广泛运用于 PPP 项目中。上述 9 个项目中，BOT 项目占比最大，共计 8 个项目，具体为黑龙江奋斗水库、四川大桥水库灌区二期、贵州马岭水利枢纽工程、甘肃引洮供水二期工程、新疆大石峡水利枢纽工程、广东韩江高陂水利枢纽工程、湖南莽山水库、重庆观景口水库，见表 10－5。

九项大型水利工程项目的融资运营方式如表 10－5 所示。

表 10－5　项目融资运营方式

序号	项目名称	融资运营方式
1	黑龙江奋斗水库	BOT 模式
2	安徽江巷水库	BOO 模式
3	四川大桥水库灌区二期	BOT 模式

续上表

序号	项目名称	融资运营方式
4	贵州马岭水利枢纽工程	BOT 模式
5	甘肃引洮供水二期工程	BOT 模式
6	新疆大石峡水利枢纽工程	BOT 模式
7	广东韩江高陂水利枢纽工程	BOT 模式
8	湖南莽山水库	枢纽工程项目采取 BOT 模式， 灌区工程项目采取 BLT 模式， 文旅开发项目采取 BOT 模式
9	重庆观景口水库	BOT + EPC 模式

黑龙江奋斗水库、安徽江巷水库等一些项目考虑采用把水厂和部分供水管网与项目进行捆绑的方式吸引社会投资。贵州马岭水利枢纽采取 BOT 模式吸引社会资本参与，由贵州水投公司与中标社会投资人等合资组建项目公司负责工程的建设与运营。

湖南莽山水库与重庆观景口水库则采用多种运营方式相结合的融资方式。

湖南莽山水库将整个项目设计为相辅相成的三个模块进行运作：

（1）枢纽工程（特许经营）。该项目为运营主体工程，包括水库工程和反调节坝工程。采取 BOT 模式运营，由社会资本方投资建设、运营，获取收益。特许经营权到期后移交宜章县人民政府及其指定机构。

（2）灌区工程（政府租赁）。该项目为主要辅助工程，采取 BLT 模式，由社会资本投资建设验收后，政府租赁使用，租赁期 10 年，租赁到期后由项目公司移交给宜章县人民政府。项目法人出资的工程款由政府分 3 年按 4∶3∶3 的比例偿还，偿还期资金利息按 8.55% 计息。

（3）文旅资源开发（特许经营）。该项目为配套模块，开发内容和详细规划待定，采取 BOT 模式运营，作为社会资本方后续项目运营收益的补充。根据社会资本方的资质和库区旅游规划，布局或引进相关项目（引进前向政府方报备），确定建设内容和投资建设主体。

重庆观景口水利枢纽工程考虑要约谈判方式，优先引入之前招标确定的市水投集团参与项目建设运营，采用特许经营和财政补贴的 BOT + EPC（即设计施工总承包基础上的 BOT）的 PPP 模式，政府授予社会资本方工程供水范围内的供水特许经营权，社会资本方通过出售自来水获得收益，当特许经营期结束后，将设施移交政府。通过将 BOT 和 EPC 结合，有效提高了项目实施中的沟通效率和工程建设进度，同时有效控制了工程建设成本。

（二）BOO模式

BOO模式（建设—拥有—经营）作为BOT模式的拓展，其主要特点是项目在建成后不移交给政府公共部门，而是由社会资本方持有运营，未来的运营收入也都属于社会资本方。其优势在于为政府节约了大量的财力和人力。

安徽江巷水库作为定远县唯一的大型水库，是定远县供水安全保障体系的核心工程。工程建成后，将为定远县城、工业园区和乡镇提供稳定安全的骨干水源。该工程的稳定安全运行对定远县经济可持续发展具有重大意义，因此，该项目已由安徽省定远县国资企业——江巷水库投资开发有限公司进行建设，社会资本方以增资扩股形式进入项目公司。与BOT模式相比，在项目全生命周期内，若采用BOO模式，则定远县政府对该工程具有控制权，可以保证江巷水库的稳定安全运行，同时可以多吸引社会资本9 525万元，减轻地方政府财政支出压力，项目整体融资成本低。

第四节　付费模式比较

从项目的回报机制来看，水利PPP项目多为可行性缺口补助和使用者付费相结合项目，纯使用者付费项目较少（表10－6）。

表10－6　项目付费方式

序号	项目名称	付费方式	付费值
1	黑龙江奋斗水库	使用者付费模式，可行性缺口补助	供水综合单价为5.38元/m^3
2	安徽江巷水库	使用者付费模式	城镇生活与工业综合水价为1.2元/m^3，前五年为0.8元/m^3，第6年至第10年为1.0元/m^3；农村生活水价为0.8元/m^3、农业灌溉水价为0.22元/m^3
3	四川大桥水库灌区二期	使用者付费模式，可行性缺口补助	城镇生活和工业供水水价为0.9元/m^3，灌溉水价为0.22元/m^3，上网电价为0.263元/(kW·h)（不含税）
4	贵州马岭水利枢纽工程	使用者付费模式	城市供水原水水价为1.8元/m^3，农村供水原水水价为1.0元/m^3，灌溉供水水价为0.25元/m^3，上网电价为0.29元/(kW·h)

续上表

序号	项目名称	付费方式	付费值
5	甘肃引洮供水二期工程	使用者付费模式，可行性缺口补助	农业灌溉水价 0.2 元/m^3，农村饮水水价 1 元/m^3，城镇生活水价 1.5 元/m^3，城镇工业水价 2 元/m^3
6	新疆大石峡水利枢纽工程	使用者付费模式，可行性缺口补助	农业综合供水成本为 0.016 8 元/m^3，上网电价 0.26 元/(kW·h)
7	广东韩江高陂水利枢纽工程	使用者付费模式，可行性缺口补助	上网电价区间为 0.403 8 ~ 0.52 元/(kW·h)
8	湖南莽山水库	使用者付费模式，可行性缺口补助，政府租赁付费	枢纽工程项目： ①灌溉供水：农业灌溉为 0.134 元/m^3，每年不低于 500 万元； ②配套饮水：城镇生活用水 0.75 元/m^3，每年不低于 500 万元； ③发电收益：执行标杆电价 0.42 元/(kW·h)（含税）。 灌区工程项目：本部分租赁价格基准价格为 8 692.3 万元/年。 文旅项目：项目公司可获得文化旅游收益、现代农业开发、养老地产开发等模块收益
9	重庆观景口水库	使用者付费模式，可行性缺口补助	综合价格确定为 3.06 元/m^3

一、可行性缺口补助与使用者付费机制

具体而言，黑龙江奋斗水库、新疆大石峡水利枢纽工程、广东韩江高陂水利枢纽工程均采用可行性缺口补助付费机制。黑龙江奋斗水库项目公司负责特许经营期内水库取水部分设施的运营管理，以及供水工程设施的运营管理，以城镇供水为主，向供水用户收取水费，现行供水综合单价约为 3.1 元/m^3。新疆大石峡水利枢纽工程经营收入来源有两类，一是水力发电上网售电收入，二是农业灌溉供水收入。在发电完全达产后，年上网售电收入为 49 927 万元。大石峡水利枢纽工程设计达产年农业灌溉供水量约为 $3.035\times10^9 m^3$，工程自开工建设的第 10 年开始达产供水，灌溉供水成本水价 0.021 元/m^3。

四川大桥水库灌区二期、湖南莽山水库、重庆观景口水库、甘肃引洮供水二期工程同样采取多种付费机制相结合。四川大桥项目使用者付费主要来自农业灌溉供水、城镇生活和工业供水、发电，使用者付费以运营当年实际收取的数额为准，经营缺口部分需政府给予财政补贴。

湖南莽山水库则根据不同项目情况采取相对应的付费方式。枢纽工程项目（BOT，特许经营）主要回报为使用者付费加可行性缺口补贴，农业灌溉为 0.134 元/m^3，城镇生活用水 0.75 元/m^3；发电收益：执行标杆电价每千瓦时 0.42 元（含税）。在以上收益不足以满足社会资本方合理收益的情况下，由政府采取可行性缺口补助的方式予以补贴。灌区工程项目（BLT，政府租赁）主要回报为政府租赁付费。文旅项目（BOT，合作开发、特许经营）由项目公司负责开发、引进和经营。

二、使用者付费机制

安徽江巷水库、贵州马岭水利枢纽工程项目采用纯使用者付费模式。安徽江巷水库项目中，城镇生活、工业综合水价与农村综合水价价格相差较大，城镇生活与工业综合水价约为 1 元/m^3，而农业灌溉水价仅为 0.22 元/m^3。贵州马岭水利枢纽项目来源于水费、电费以及地方政府承诺的相关补贴、提供的有关配套公共服务等资源，定价实行与 CPI 涨幅同比例浮动的价格调整联动机制。

第五节　建设管理模式比较

项目建设管理模式主要以建设—运营—移交（BOT）模式为主以及相关组合方式，如 BOT + BLT、BOT + EPC。安徽江巷水库采取 BOO 模式。各项目围绕其实际情况进行工程建设管理。

黑龙江奋斗水库、四川大桥水库灌区二期、贵州马岭水利枢纽工程、甘肃引洮供水二期工程、新疆大石峡水利枢纽工程、广东韩江高陂水利枢纽工程均采取 BOT 模式。政府通过公开招标的方式采购社会资本（投建一体），约定投资、融资、建设运营及维护等各方面的权利和义务。待政府出资代表与中标社会资本方共同成立项目公司（SPV）后，政府或政府指定的机构同项目公司签署 PPP 合同。项目公司承接 PPP 合同的全部权利和义务，负责本项目的投资、融资、建设、运营、维护和移交等工作。项目公司成立后，由项目公司股东分工协作。社会资本方负责项目的投融资，项目公司负责项目的建设、运营、维护等工作。项目公司所得收入优先用于支付社会资本投资及合理收益。项目合作周期届满后，项目公司进行清算，将项目公司所有资产和权益在无担保、无抵押、无质押等无负债的条件下无偿移交给政府。

黑龙江奋斗水库实施内容包括两个部分：一是正在建设的奋斗水库工程，二是奋斗水库配套的供水工程。奋斗水库工程取水部分设施以经营权转让模式授予项目公司特许经营权。在该模式下，建设单位、投资体制和建设管理模式不需发生变化，项目建成后固定资产产权归属政府方，不发生转移，项目公司只获得水库取水部分的经营权；新建供水工程采用 BOT 模式，由项目公司负责投融资、建设及运营，项目产权归属项目公司，特许经营期满后全部项目设施无偿移交给政府。新建供水工程投运后，现有部分供水设施作为备用设施一并进行经营权转让，由项目公司统一进行经营管理。

安徽江巷水库采取 BOO 模式，项目公司在江巷水库设计寿命期内一直拥有工程的所有权和运营权，仅受“建设局”的监督。在工程运行期间，安徽省防汛抗旱总指挥部办公室向“建设局”和项目公司下达防洪指令，由项目公司负责枢纽闸门等设备操作，“建设局”对防洪的实施情况进行监督。

贵州马岭水利枢纽工程采用 BOT 模式。贵州省政府作为发起人授权贵州省水利投资（集团）有限责任公司以 PPP 模式实施贵州马岭水利枢纽工程项目，中国电建集团贵阳勘测设计研究有限公司、中国水利水电第十四工程局有限公司及中国铁建大桥工程局集团有限公司组建联合体投标并成为中标社会投资人，与政府出资人代表贵州省水利投资（集团）有限责任公司及黔西南州水资源开发投资有限公司共同成立贵州省马岭水利枢纽开发有限公司作为项目公司，并授予项目公司特许经营权，包含马岭水利枢纽项目的投资、融资、建设、运营、管理、用户服务、原水销售、电力销售、旅游经营等。项目期限按 30 年特许经营期限开展马岭水利枢纽工程的建设、运营和管理。

新疆大石峡水利枢纽工程 PPP 项目以法律法规为准绳，在省级层面建立健全 PPP 管理规范和流程，形成了“制度建设先行、自治区政府明晰授权、建管局强力主导、厅局积极参与、大石峡建管局具体执行、大石峡建管公司密切配合、咨询方全力协助”的 PPP 实施良好局面，为项目有序、高质和高效的推动提供了充分保障。首次招标失败后，探索采用了竞争性谈判的方式进行社会资本的甄选，最终引入社会资本方葛洲坝集团有限公司联合体。

广东韩江高陂水利枢纽工程采用 BOT 模式，由高陂建设管理处通过公开招标方式引进社会资本，确定广东水电二局作为中标单位，由其组建项目公司并授予特许经营权，负责韩江高陂水利枢纽工程的建设运营。

湖南莽山水库将项目分为枢纽工程、灌区骨干工程两部分，分别采取两种不同的模式建设经营管理：水库枢纽工程采取 BOT 模式，特许经营期为 44 年（含建设期4年）；灌区骨干工程采取BLT模式，项目竣工后移交县政府管理，通过公开招标，择优确定广东水电二局股份有限公司、郴州市坤之源矿业有限公司、深圳市金群园林实业发展有限公司组建的投标联合体为中标人，由三家单位成立莽山水库开发建设有限公司作为项目法人，负责枢纽工程的建设运营和灌区骨干工程的建设。

重庆观景口水库采取BOT+EPC模式。政府向社会资本方授予特许经营权，允许其在一定时间内进行公共基础设施的建设和运营；而社会资本方在公共基础设施的建设过程中采用总承包模式施工，当特许经营期结束后，将设施移交政府。项目公司与分标段总承包人签订EPC合同，总承包人作为项目建设实施主体负责建设过程的质量、安全、进度和投资的具体管理及其与之合作的勘察设计、施工、材料及设备供应等单位的协调和履约管理，以及建设施工与环境的具体协调管理，并接受政府主管部门、项目公司的监督和管理。大坝枢纽EPC（一标段）总承包单位为中国水利水电第十四工程局有限公司、长江设计公司联合体，输水线路EPC（二标段）总承包单位为中铁十八局集团有限公司、中水东北勘测设计研究有限责任公司联合体，两个标段的施工监理为黄河工程咨询监理有限责任公司。这样安排能充分发挥设计、采购和施工单位有机融合的优势，解决常规的设计与施工脱节、工程变更审查烦琐等现实问题。

第十一章　重大水利工程 PPP 试点项目经验及运营管理建议

本章分析韩江高陂水利枢纽工程 PPP 试点模式运作的特点和经验，总结现有水利工程 PPP 试点中存在的主要问题，并提出优化水利工程 PPP 项目运营管理的建议。

第一节　韩江高陂水利枢纽工程 PPP 试点模式运作的特点和经验

韩江高陂水利枢纽工程 PPP 试点模式在建设和管理过程中，形成了以下特点和经验。

（1）采用“一次招标”方式。高陂水利 PPP 项目的采购采取在可研批复后进行招标选择社会资本方的方式，并明确用批复后初设概算下浮率作为商务评标参数，有利于项目设计优化和缩短建设周期，保证高陂水利枢纽工程 PPP 项目建设运营质量，吸引有经验和资金雄厚的工程承包商公开公平竞争。在不违背相关法律法规的前提下，采用一次招标方式确定了既是 PPP 社会资本方同时又是施工总承包方的广东水电二局股份有限公司为中标人。此种选择社会资本方的模式，让社会资本方尽早介入，有利于项目设计优化和缩短建设周期。探索实行了准公益性大型水利枢纽的建设运营模式（BOT），充分发挥了政府和企业的积极性，提高了政府财政资源的配置效率以及社会资本方参与建设运营的积极性。

（2）采用“双补机制”。政府从过去单纯“补建设”到“补建设加补运营”，有效保障了社会资本方的合理收益率，使社会资本方能够得到长期的补贴，有利于保障枢纽的长期良性运营。同时，运营期取得超出预期的利润率，则由工程项目法人与项目公司商定合理的利润分成比例进行收益分配，从而确保社会资本的运营和分配公平。

（3）采用 PMT 管理模式强化质量投资控制。建设期高陂建设管理处和项目公司采用 PMT 管理模式，充分发挥双方优势，强有力地保证了项目质量安全，有利于控制项目投资。高陂建设管理处和项目公司抽调人员组建项目管理团队负责项目现场施工质量安全和进度管理，同时高陂建设管理处委托施工监理单位现场监督管理，既符合现行管理体制，又有利于利用政府既有的大型工程建设经验，激发项目公司的积极能动性，制衡项目公司与股东（施工承包商）的关系，对项目质量安全目标的实现提供有力保障。同时，高陂建设管理处和项目公司设立共管账户，采取银行预留印鉴的方式，建设期间项目支出需双方确认签字盖章后方可支付，确保了项目投资的有效控制。

（4）实施跨部门联审。PPP 实施专题纳入可行性研究报告，结合可行性研究报告审批一并实行跨部门联审，有利于缩短前期工作时间。这也契合了国家发改委发布的《关于印发〈传统基础设施领域实施政府和社会资本合作项目工作导则〉的通知》（发改投资〔2016〕2231 号）的文件精神。

（5）探索水库移民期补偿机制并融入 PPP 方案中。一是创新长期补偿生产安置模式。工程征地补偿探索实施了移民“共享工程建设效益”的“长期补偿”生产安置模式，并由地方政府财政统筹兜底解决补偿资金不足部分，使移民收益得到充分保障，破解了工程建设征地移民生产安置与人多地少、安置困难的难题，为今后水利水电工程建设征地补偿和移民安置方式提供了新的发展方向和模式。二是将部分耕地补偿费融入 PPP 方案中。将部分耕地补偿费（12 788 万元）投入电站建设，按固定收益率 6.5% 从电站发电收入中提取资金进行补偿（年限从补征地开始至枢纽报废止），从而实现了“迁得出、稳得住、有发展”的移民工作目标。征地补偿和移民安置做法，在很大程度上解决了水利工程征地移民难题。广东省水利厅水库移民处、梅州市大埔韩江高陂水利枢纽工程建设管理处编写的《两手发力，助力水库移民高质量发展——广东省梅州市高陂水利枢纽工程移民安置案例》，入选 2022 年水利部办公厅公布的全国水利工程移民安置高质量发展实践典型案例名录。

（6）建章立制强化建设成本管理。为规范基本建设项目建设成本管理，财政部先后印发了《基本建设财务规则》（财政部令第 81 号）、《基本建设项目竣工财务决算管理暂行办法》（财建〔2016〕503 号）、《基本建设项目建设成本管理规定》（财建〔2016〕504 号）等相关财政管理规定，高陂建设管理处根据相关规定进行规范核算。同时为加强高陂水利枢纽工程建设资金的管理，更好地控制工程投资，梅州市大埔韩江高陂水利枢纽工程建设总指挥部（简称“市总指挥部”）及项目法人单位根据《基本建设财务规则》、《省级基本建设项目财政性资金集中支付暂行办法》（粤府〔2000〕41 号）、《梅州市本级财政资金审批管理办法》（梅市财预〔2018〕98 号）及相关制度文件，先后制定了《梅州市大埔韩江高陂水利枢纽工程建设管理处财务管理制度（试行）》《广东省韩江高陂水利枢纽工程财政性资金集中支付管理办法》《广东省韩江高陂水利枢纽工程建设资金管理办法》《广东省韩江高陂水利枢纽工程 PPP 项目共管账户资金管理办法》等相关制度，从而进一步保证了工程建设资金合法、合规、高效使用。

水利部稽查办连续多年不定期安排检查组对工程建设管理进行稽查。中央审计署及省市专项审计组每年安排对工程建设资金管理进行审计，进一步保障工程资金安全。市总指挥部高度重视资金审核工作，安排一名熟悉项目建设管理具有丰富资金管理经验且综合协调能力强的财务总监对工程建设资金管理进行全方位监督，确保工程建设资金安全、高效。

（7）引入风险导向审计。为保障高陂水利枢纽工程建设规范、健康、有序地开展，高陂建设管理处与广东智华会计师事务所（普通合伙）签订了《广东省韩江高陂水利枢纽工程建设跟踪审计服务审计业务委托合同》，约定对高陂水利枢纽工程建设进行跟踪审计。审计人员定期对高陂水利枢纽工程的会计核算、资金支付、费用列支等方面进行检查，出具书面的问题汇总和整改建议，相关方积极整改，保障了国有资本和社会资本安全。跟踪审计为项目的合规和有序开展起到了保驾护航的作用。

第二节　重大水利工程 PPP 模式存在的主要问题

在试点取得成效的同时，我们也看到，推进水利 PPP 工作中还存在许多困难和问题，不容忽视。根据庞靖鹏（2017）的研究，并结合财政部和社会资本合作中心水利工程 PPP 项目等相关资料发现，重大水利 PPP 示范项目建设运营管理中主要存在以下问题。

（1）部分项目采用 PPP 模式的优势不明显。一是项目对社会资本的吸引力不够。水利项目大部分属于公益性项目，普遍存在投资规模大、经营利润薄、回收周期长等特点，对社会资本的吸引力不足，希望参与工程建设的积极性远高于合作经营。二是吸引社会资本的额度有限。湖南莽山水库、贵州马岭水利枢纽工程、广东韩江高陂水利枢纽工程、重庆观景口水库和黑龙江奋斗水库 5 个试点项目社会资本金占项目总投资比例在 6.65%～16.98%之间，剩余资金缺口一般采取项目公司融资，项目建设仍然以政府投资为主，社会资本对缓解地方政府配套资金压力作用有限。三是融资成本偏高。如果考虑社会资本直接参与浙江舟山大陆引水三期 PPP 项目合作，预计综合投资回报率约 8%，按目前达成的贷款意向条件，综合资金成本比引入社会资本要低 20%～30%，自我筹集资金进行建设的投资小于利用社会资本建设的投资。

（2）个别项目在设计和实施中考虑得不够周全。一是在设计中对运营风险把控不够。重大水利工程投资规模大，而社会资本投入比例偏小。由于施工利润在 15%左右，社会资本方在获取施工丰厚的利润后可能不重视工程的运营管理，中途放弃特许经营权限，政府将背负更大的还贷及管理压力。如何预防社会资本退出带来的风险和损失，在项目 PPP 合同中应考虑得更多。二是在实施中要把好社会资本方选择关。有的社会资本联合体组建的项目法人，其机构、人员数量和技术力量等相对于大型水利项目的建制要求有差距，且项目法人和施工单位（股东）之间有关联关系，造成法人职责履行不到位，措施和管理水平不满足法定要求。

（3）PPP 项目实施能力严重滞后于工作要求。一是专业人员匮乏。PPP 模式不同于传统的水利建设模式，地方有关部门和项目实施机构在实际操作中需要具备法律、金融、财务等专业知识和实践经验，而水利部门普遍缺乏相关专业人才。二是学习培训不够。目前，国家相关部门出台了一系列 PPP 相关法律法规，由于缺乏系统的学习和培训，PPP 相关部门对 PPP 政策不熟悉，对各种 PPP 模式的区别和适用范围不清楚，也不知道如何包装、策划 PPP 项目，对于社会资本方提出的融资方式似懂非懂，对于存在的风险没有引起重视，缺乏对 PPP 项目的宏观把控，也难以实现有效的监管。

（4）水价、水电价格改革滞后影响 PPP 项目落地。一是水价、水电价格偏低。供水和发电收入是维持水利工程正常运转的重要经费来源。长期以来，我国供水水价偏低、水费征收困难，水电上网电价低于火电上网电价，极大地削弱了水利项目的盈利能力，从而降低了社会资本参与的热情。二是水价、水电价格形成机制有待健全。调价机制是 PPP 项目协议的核心条款。目前我国水利工程和城市供水价格、水电上网电价均受政府管制，实行政府指导价或者政府定价。此外，根据《价格法》的规定，农业水价、居民水价、农业电价、居民电价等价格调整落实，还需召开听证会，而这也可能导致 PPP 授权协议约定的调价机制与听证会的结果不一致，达不到方案设计时的预期，削弱社会资本方的信心。

（5）监管主体分散，职责不够清晰。水利 PPP 项目因为涉及的部门众多，监管机构分散在发改部门、财政部门、审计部门和水利行业主管部门等多个行政部门，各个部门的职能不完全明确，可能会有一定的交叉，导致各个职能部门之间的协调成本增加，影响项目的有效监管。从各水利工程 PPP 实施方案和项目合同等文件来看，虽然均对监管职责进行了区分明确，但管理主体是水利部门，而运行管理则要与发改、财政、审计等众多部门联系，项目运行阶段的政策补贴、资产监管等活动也会与各部门形成关联。尽管在我国的法律中已经清楚规定了各部门的权责范畴，但是在具体的操作环节，监管部门的职责权限并不明确，可能存在职能交叉和重复的情况，监管行政系统协调机制缺失，导致很多监管问题得不到及时的处理，很多资源处于闲置浪费状态。一旦出现问题各部门由于职能不清，常常出现扯皮现象，这不仅制约了监管工作的推进，还会对项目建设产生负面影响。

（6）绩效考核体系有待进一步完善。因为水利枢纽工程 PPP 项目开展较早，实施方案和合同中对绩效考核的规定内容相对较少。目前对建设期按照水利相关管理文件和标准开展绩效监管，但对于运营期并未设定具体明确的绩效考核指标体系，同时，可行性缺口补助也未与绩效考核机制相挂钩。

第三节　优化重大水利工程 PPP 项目建设运营的建议

针对当前重大水利工程 PPP 项目运作中存在的困难和问题，适应未来一个时期 PPP 发展的趋势和要求，根据庞靖鹏（2017）的研究，并结合财政部和社会资本合作中心水利工程 PPP 项目等相关资料发现，重大水利 PPP 示范项目建设运营管理应从以下几方面优化完善。

（1）加强水利 PPP 工作的组织领导。PPP 模式将成为水利项目建设与运营的一种重要方式，是对传统以政府主导的建设模式的变革和有益的补充。地方各级政府和有关部门要高度重视 PPP 工作，建立健全 PPP 工作的领导组织机制、PPP 项目联审机制，不断优化 PPP 项目流程，缩减 PPP 项目的运作周期。水利部门要从解决民生水利问题的实际出发，包装、策划好一批水利 PPP 项目。各相关部门在项目入库、物有所值分析、财政承受能力论证、项目实施方案审查、项目招投标、PPP 项目合同起草、绩效评估等环节把好关，及时纠正 PPP 项目的不规范问题，坚决把违规包装的伪 PPP 项目拒之门外，推动水利 PPP 工作健康发展。

（2）审慎筛选适合的水利 PPP 项目。不是所有的基础设施和公共服务项目都适合采用 PPP 模式，即使是对 PPP 运用较为成熟的英国、澳大利亚等国，PPP 投资占公共投资的比例也未超过 15%。水利项目事关水安全，由于政策调整、价格变动等，社会资本方的参与可能会增加项目建设和运营的风险。为了防范风险，利用好社会资本，提高水利项目建设、运营和管理效率，筛选水利 PPP 项目时应把握以下原则：一是投资规模比较大的大中型水利项目减少交易成本；二是择优选择前期工作比较好的项目，避免投资或设计发生较大变更；三是从经济实力、投融资能力、专业资质、技术能力、管理经验和信用状况等方面综合考查，择优选取社会资本方；四是优先选择经营性和准公益性项目，减轻财政负担。

（3）加强 PPP 项目实施能力建设。积极吸引法律、金融、管理等方面专业人才参与水利 PPP 项目运作。通过专题培训、专家讲座、政策解读、案例讨论等方式不断提升水行政主管部门、项目实施机构相关人员对 PPP 模式的认识水平和运用能力。要充分借助、积极运用法律、投资、财务、保险等专业咨询顾问机构的力量，提高 PPP 项目合同的科学性、规范性和可操作性，充分识别、合理防控项目风险。加强舆论宣传引导，增强政府、社会和市场主体共识，畅通公众获取和反馈有关信息的渠道，营造推广运用政府和社会资本合作模式的良好氛围。

（4）加快相关价格改革进程。在防范化解系统性金融风险、规范地方举债行为的宏观背景下，仅靠外部输血难以从根本上解决水利投资缺口的问题，关键是要增强水利项目自身的造血功能。加快水价、水电价格市场化改革是创新水利投融资机制的重要前提和保障。为进一步扩大社会资本投入力度，应进一步推进水价市场化改革进程，对社会资本参与的重大水利工程供水价格，探索实行由项目投资经营主体与用户协商定价，进一步推动水电价格市场化进程，逐步放开作为清洁能源的水电上网电价，实现“水火同网同质同价”。

（5）抓紧出台水利资产证券化指导性文件。2016 年 12 月，国家发展改革委、中国证监会发布了《关于推进传统基础设施领域政府和社会资本合作（PPP）项目资产证券化相关工作的通知》（发改投资〔2016〕2698 号），要求积极推进传统基础设施领域 PPP 项目资产证券化。2017 年 6 月，财政部、中国人民银行、中国证监会印发了《关于规范开展政府和社会资本合作项目资产证券化有关事宜的通知》（财金〔2017〕55 号），规范 PPP 项目资产证券化工作。开展水利资产证券化是拓宽水利融资渠道防范 PPP 项目社会资本退出风险的重要手段。目前，水利资产证券化融资还处于研究探索阶段。为推动水利资产证券化健康发展，应抓紧出台推进水利资产证券化融资的指导性文件，优先鼓励水利 PPP 项目开展资产证券化，明确相关程序，加强监督管理。

（6）抓紧开展水利专项债券相关工作。发行水利专项债券可以丰富水利建设资金融资渠道，强化项目收益和融资自求平衡的管理理念，主动防范化解潜在风险隐患，吸引更多社会资本支持水利项目建设。这对于解决当前突出的水利投资缺口问题具有很强的现实意义。为推动水利专项债券政策的出台，一来应抓紧开展水利专项债券制度研究，明确水利专项债券的发行主体、偿债资金来源、用途等，研究建立额度管理、预算管理、监督管理等各项制度；二是尽快与财政部沟通协调，获得其支持和认可，争取尽早出台地方政府水利专项债券管理办法，推动地方政府探索发行水利专项债券。

（7）优化监管职责权分配。通过明确发改、财政、建设、水利、环保等各政府部门监管主体的职能，界定不同监管部门的监管职权，避免职能交叉或者职能缺失，提高政府监管效率，提高水利 PPP 项目效益的发挥。对比此前的项目建设模式，在水利 PPP 项目中，政府需要承担的职能具有多样性。要从理论层面关注政府在水利 PPP 项目中的权责，以科学合理的方式对政府的职能进行厘清，政府的不同职能应该由不同的机构来落实，监管机构内部应该设立专业的监管部门将职能落地，由各部门结合水利 PPP 项目的政策及法律要求履行职能。各部门要彼此协调，与其他部门一道做好监管工作，以提升政府和社会资本合作模式中政府监管的效率，促进政府和社会资本合作模式的长远发展。

（8）优化绩效考核指标体系。科学的工作标准是项目成功的前提条件。在水利枢纽工程 PPP 项目中，合作双方的工作标准在实施方案和 PPP 协议中基本明确，这让政府监管有了基本的指导，也让企业的活动有了具体的方向。应该结合国家目前的各种标准建立专门的绩效考核指标体系，按照绩效考核指标体系规范社会资本方的运营管理，并定期开展绩效考核。

参考文献

[1] 王云昌. 准公益性水利工程的特性分析 [J]. 中国水利，2003（5）：41－43.

[2] 袁竞峰，王帆，李启明，等. 基础设施 PPP 项目的 VfM 评估方法研究及应用 [J]. 现代管理科学，2012，(1)：27－30.

[3] 李原园，郦建强，李宗礼. "十二五" 水利发展总体布局与建设主要任务：《全国水利发展 "十二五" 规划》解读之一 [J]. 中国水利，2012（19）：13－17.

[4] 范宏忠. 云南省水利工程项目建设管理研究 [D]. 昆明：云南财经大学，2013.

[5] 杨晓敏. PPP 项目策划与操作实务 [M]. 北京：中国建筑工业出版社，2015.

[6] 杨晔，杨大楷，方芳. 中国投资发展报告不断深化的中国投融资体制改革 [M]. 上海：上海财经大学出版社，2016：230－243.

[7] 马毅鹏，乔根平. 对运用 PPP 模式吸引社会资本投入水利工程的思考 [J]. 水利经济，2016，34（1）：35－84.

[8] 王建球. 湖南省莽山水库 PPP 项目建设经营模式探索与实践 [J]. 水利经济，2016，34（1）：38－84.

[9] 税月吉. 重庆水利基础设施 PPP 模式应用研究 [D]. 重庆：重庆大学，2017.

[10] 李开孟，伍迪. PPP 的层次划分、基本特征及中国实践 [J]. 北京交通大学学报（社会科学版），2017，16（3）：1－12.

[11] 孙洁. PPP 模式与综合管廊 [M]. 北京：经济日报出版社，2017：64.

[12] 庞靖鹏. 重大水利项目 PPP 试点经验总结与形势研判 [J]. 水利发展研究. 2017（11）：12－17.

[13] 李香云，刘小勇. 重庆市观景口水库 PPP 项目分析与思考 [J]. 水利发展研究，2017，17（5）：24－27.

[14] 刘震涛，汤绍强. 广东省韩江高陂水利枢纽工程 PPP 试点模式研究 [J]. 经济研究导刊，2019，406（20）：148－150.

[15] 李盼道，徐芙蓉. 公共产品供给的理论逻辑与实践 [J]. 西安石油大学学报（社会科学版），2019，28（4）：15－27.

[16] 满莉，祝诣茗. 水利建设行业 PPP 应用研究 [M] //中央财经大学政信研究院. 中国 PPP 行业发展报告（2020）. 北京：社会科学文献出版社，2020：223－234.

[17] 罗惠月. PPP 对公共基础设施供给效率的影响研究 [D]. 武汉：中南财经政法大学，2020.

[18] 上海交通大学政府和社会资本合作（PPP）研究中心. 城市轨道交通 PPP 项目组织与实

施［M］. 上海：上海交通大学出版社，2020：71－163.

［19］黄志雄，袁峰华. 经济下行、PPP 风险来源与机制设计［J］. 财政科学，2021（2）：132－144.

［20］沈言言. 中国 PPP 项目引资问题研究［D］. 上海：上海财经大学，2021.

［21］戴会超，毛劲乔，蒋定国. 大型水利水电工程水沙生态环境调控研究进展［J/OL］. 水利水电技术（中英文）. 1－10［2022－11－24］. http：//kns. cnki. net/kcms/detail/10. 1746. TV. 20221118. 0957. 002. html.

［22］刘用铨，黄京菁. 财政承受能力评估：财政风险管理新工具［J］. 中国财政，2022，862（17）：59－60.